希尔伯特

希尔伯特六十岁生日晚会

希尔伯特在做报告

（上）希尔伯特塑像
（下）格丁根数学研究所门厅（远处为希尔伯特塑像）

SCIENCE & HUMANITIES

数学问题

希尔伯特在1900年国际数学家大会上的演讲

数学家思想文库

丛书主编 李文林

[德] D.希尔伯特 / 著

李文林 袁向东 / 编译

Mathematical Problems

Lecture Delivered before the International Congress of Mathematicians in 1900

大连理工大学出版社

Dalian University of Technology Press

图书在版编目(CIP)数据

数学问题：希尔伯特在1900年国际数学家大会上的演讲/(德)D.希尔伯特著；李文林，袁向东编译．--大连：大连理工大学出版社，2023.1

(数学家思想文库/李文林主编)

ISBN 978-7-5685-4012-4

Ⅰ.①数… Ⅱ.①D… ②李… ③袁… Ⅲ.①数学问题—研究 Ⅳ.①O1-0

中国版本图书馆CIP数据核字(2022)第238543号

SHUXUE WENTI

大连理工大学出版社出版

地址：大连市软件园路80号　邮政编码：116023

发行：0411-84708842　邮购：0411-84708943　传真：0411-84701466

E-mail：dutp@dutp.cn　URL：https://www.dutp..cn

辽宁新华印务有限公司印刷　　大连理工大学出版社发行

幅面尺寸：147mm×210mm　插页：2　印张：4.5　字数：85千字

2023年1月第1版　　2023年1月第1次印刷

责任编辑：王　伟　　责任校对：李宏艳

封面设计：冀贵收

ISBN 978-7-5685-4012-4　　定　价：69.00元

合辑前言

“数学家思想文库”第一辑出版于 2009 年，2021 年完成第二辑。现在出版社决定将一、二辑合璧精装推出，十位富有代表性的现代数学家汇聚一堂，讲述数学的本质、数学的意义与价值，传授数学创新的方法与精神……大师心得，原汁原味。关于编辑出版“数学家思想文库”的宗旨与意义，笔者在第一、二辑总序“读读大师，走近数学”中已做了详细论说，这里不再复述。

当前，我们的国家正在向第二个百年奋斗目标奋进。在以创新驱动的中华民族伟大复兴中，传播普及科学文化，提高全民科学素质，具有重大战略意义。我们衷心希望，“数学家思想文库”合辑的出版，能够在传播数学文化、弘扬科学精神的现代化事业中继续放射光和热。

合辑除了进行必要的文字修订外，对每集都增配了相关数学家活动的图片，个别集还增加了可读性较强的附录，使严肃的数学文库增添了生动活泼的气息。

从第一辑初版到现在的合辑,经历了十余年的光阴。其间有编译者的辛勤付出,有出版社的锲而不舍,更有广大读者的支持斧正。面对着眼前即将面世的十册合辑清样,笔者与编辑共生欣慰与感慨,同时也觉得意犹未尽,我们将继续耕耘!

李文林

2022年11月于北京中关村

读读大师　走近数学

——“数学家思想文库”总序

数学思想是数学家的灵魂

数学思想是数学家的灵魂。试想：离开公理化思想，何谈欧几里得、希尔伯特？没有数形结合思想，笛卡儿焉在？没有数学结构思想，怎论布尔巴基学派？……

数学家的数学思想当然首先体现在他们的创新性数学研究之中，包括他们提出的新概念、新理论、新方法。牛顿、莱布尼茨的微积分思想，高斯、波约、罗巴切夫斯基的非欧几何思想，伽罗瓦“群”的概念，哥德尔不完全性定理与图灵机，纳什均衡理论，等等，汇成了波澜壮阔的数学思想海洋，构成了人类思想史上不可磨灭的篇章。

数学家们的数学观也属于数学思想的范畴，这包括他们对数学的本质、特点、意义和价值的认识，对数学知识来源及其与人类其他知识领域的关系的看法，以及科学方法论方面的见解，等等。当然，在这些问题上，古往今来数学家们的意见是很不相同，有时甚至是对立的。但正是这些不同的声音，合成了理性思维的交响乐。

正如人们通过绘画或乐曲来认识和鉴赏画家或作曲家一样,数学家的数学思想无疑是人们了解数学家和评价数学家的主要依据,也是数学家贡献于人类和人们要向数学家求知的主要内容。在这个意义上我们可以说:

“数学家思,故数学家在。”

数学思想的社会意义

数学思想是不是只有数学家才需要具备呢? 当然不是。数学是自然科学、技术科学与人文社会科学的基础,这一点已越来越成为当今社会的共识。数学的这种基础地位,首先是由于它作为科学的语言和工具而在人类几乎一切知识领域获得日益广泛的应用,但更重要的恐怕还在于数学对于人类社会的文化功能,即培养发展人的思维能力,特别是精密思维能力。一个人不管将来从事何种职业,思维能力都可以说是无形的资本,而数学恰恰是锻炼这种思维能力的“体操”。这正是为什么数学会成为每个受教育的人一生中需要学习时间最长的学科之一。这并不是说我们在学校中学习过的每一个具体的数学知识点都会在日后的生活与工作中派上用处,数学对一个人终身发展的影响主要在于思维方式。以欧几里得几何为例,我们在学校里学过的大多数几何定理日后大概很少直接有用甚或基本不用,但欧氏几何严格的演绎思想和推理方法却在造就各行各业的精英人才方面有着毋庸否定的意义。事实上，从牛顿的《自然哲学的数学原理》到爱因斯坦的相对论著作，从法国大革命的《人权宣言》到马克思的《资本论》，乃至现代诺贝尔经济学奖得主们的论著中，我们都不难看到欧几里得的身影。另一方面，数学的定量化思想更是以空前的广度与深度向人类几乎所有的知识领域渗透。数学，从严密的论证到精确的计算，为人类提供了精密思维的典范。

一个戏剧性的例子是在现代计算机设计中扮演关键角色的"程序内存"概念或"程序自动化"思想。我们知道，第一台电子计算机(ENIAC)在制成之初，由于计算速度的提高与人工编制程序的迟缓之间的尖锐矛盾而濒于夭折。在这一关键时刻，恰恰是数学家冯·诺依曼提出的"程序内存"概念拯救了人类这一伟大的技术发明。直到今天，计算机设计的基本原理仍然遵循着冯·诺依曼的主要思想。冯·诺依曼因此被尊为"计算机之父"(虽然现在知道他并不是历史上提出此种想法的唯一数学家)。像"程序内存"这样似乎并非"数学"的概念，却要等待数学家并且是冯·诺依曼这样的大数学家的头脑来创造，这难道不耐人寻味吗？

因此，我们可以说，数学家的数学思想是全社会的财富。数学的传播与普及，除了具体数学知识的传播与普及，更实质性的是数学思想的传播与普及。在科学技术日益数学化的今天，这已越来越成为一种社会需要了。试设想：如果越来越多的公民能够或多或少地运用数学的思维方式来思考和处理问题，那将会是怎样一幅社会进步的前景啊！

读读大师　走近数学

数学是数与形的艺术，数学家们的创造性思维是鲜活的，既不会墨守成规，也不可能作为被生搬硬套的教条。了解数学家的数学思想当然可以通过不同的途径，而阅读数学家特别是数学大师的原始著述大概是最直接、可靠和富有成效的做法。

数学家们的著述大体有两类。大量的当然是他们论述自己的数学理论与方法的专著。对于致力于真正原创性研究的数学工作者来说，那些数学大师的原创性著作无疑是最生动的教材。拉普拉斯就常常对年轻人说："读读欧拉，读读欧拉，他是我们所有人的老师。"拉普拉斯这里所说的"所有人"，恐怕主要是指专业的数学家和力学家，一般人很难问津。

数学家们另一类著述则面向更为广泛的读者，有的就是直接面向公众的。这些著述包括数学家们数学观的论说与阐释（用哈代的话说就是"关于数学"的论述），也包括对数学知识和他们自己的数学创造的通俗介绍。这类著述与"板起面孔讲数学"的专著不同，具有较大的可读性，易于为公众接受，其中不乏脍炙人口的名篇佳作。有意思的是，一些数学大师往往也是语言大师，如果把写作看作语言的艺术，他们的这些作品正体现了数学与艺术的统一。阅读这些名篇佳作,不啻是一种艺术享受,人们在享受之际认识数学,了解数学,接受数学思想的熏陶,感受数学文化的魅力。这正是我们编译出版这套“数学家思想文库”的目的所在。

“数学家思想文库”选择国外近现代数学史上一些著名数学家论述数学的代表性作品,专人专集,陆续编译,分辑出版,以飨读者。第一辑编译的是D.希尔伯特(D. Hilbert,1862—1943)、G.哈代(G. Hardy,1877—1947)、J.冯·诺依曼(J. von Neumann,1903—1957)、布尔巴基(Bourbaki,1935—　)、M. F.阿蒂亚(M. F. Atiyah,1929—2019)等20世纪数学大师的文集(其中哈代、布尔巴基与阿蒂亚的文集属再版)。第一辑出版后获得了广大读者的欢迎,多次重印。受此鼓舞,我们续编了“数学家思想文库”第二辑。第二辑选编了F.克莱因(F. Klein,1849—1925)、H.外尔(H. Weyl,1885—1955)、A. N.柯尔莫戈洛夫(A. N. Kolmogorov,1903—1987)、华罗庚(1910—1985)、陈省身(1911—2004)等数学巨匠的著述。这些文集中的作品大都短小精练,魅力四射,充满科学的真知灼见,在国内外流传颇广。相对而言,这些作品可以说是数学思想海洋中的珍奇贝壳、数学百花园中的美丽花束。

我们并不奢望这样一些“贝壳”和“花束”能够扭转功利的时潮,但我们相信爱因斯坦在纪念牛顿时所说的话:

“理解力的产品要比喧嚷纷扰的世代经久，它能经历好多个世纪而继续发出光和热。”

我们衷心希望本套丛书所选编的数学大师们“理解力的产品”能够在传播数学思想、弘扬科学文化的现代化事业中放射光和热。

读读大师，走近数学，所有的人都会开卷受益。

李文林

（中科院数学与系统科学研究院研究员）

2021 年 7 月于北京中关村

目　录

导　言

20世纪数学的揭幕人——希尔伯特

希尔伯特出生于东普鲁士的一个中产家庭。祖父大卫·菲尔赫哥特·勒贝雷希特·希尔伯特（David Fürchtegott Leberecht Hilbert）和父亲奥托·希尔伯特（Otto Hilbert）都是法官，祖父还获有"枢密顾问"头衔。母亲玛丽亚·特尔思·埃尔特曼（Maria Therse Erdtmann）是商人的女儿，颇具哲学、数学和天文学素养。希尔伯特幼年受到母亲的教育、启蒙，八岁正式上学，入皇家腓特烈预科学校。这是一所有名的私立学校，E. 康德（E. Kant）曾就读于此。不过该校教育偏重文科，希尔伯特从小喜爱数学，因此在最后一学期转到了更适合他的威廉预科学校。在那里，希尔伯特的成绩一跃而上，各门皆优，数学则获最高分"超"。老师在毕业评语中写道："该生对数学表现出强烈兴趣，而且理解深刻，他用非常好的方法掌握了老师讲授的内容，并能有把握地、灵活地应用它们。"

1880年秋，希尔伯特进柯尼斯堡大学攻读数学。大学第二学期,他按当时的规定可以到另一所大学去听课,希尔伯特选择了海德堡大学,那里L. 富克斯(L. Fuchs)教授的课给他印象至深。在柯尼斯堡,希尔伯特则主要跟从 H. 韦伯(H. Weber)学习数论、函数论和不变量理论。他的博士论文指导老师是证明 π 超越性的赫赫有名的 F. 林德曼(F. Lindemann)教授,后者建议他做代数形式的不变性质问题。希尔伯特出色地完成了学位论文,并于 1885 年获得了哲学博士学位。

在大学期间,希尔伯特与年长他三岁的副教授 A. 赫尔维茨(A. Hurwitz)和比他高一级的 H. 闵可夫斯基(H. Minkowski)结下了深厚友谊。这种友谊对各自的科学工作产生了终身的影响。希尔伯特后来曾这样追忆他们的友谊:"在日复一日无数的散步时刻,我们漫游了数学科学的每个角落……我们的科学,我们爱它超过一切,它把我们联系在一起。在我们看来,它好像鲜花盛开的花园。在花园中,有许多被踏平的路径可以使我们从容地左右环顾,毫不费力地尽情享受,特别是有趣味相投的游伴在身旁。但是我们也喜欢寻求隐秘的小径,发现许多美丽的新景。当我们向对方指出来,我们就更加快乐。"(见研究文献[8])大学毕业后,希尔伯特曾赴莱比锡、巴黎等地作短期游学。在莱比锡,他参加了 F. 克莱因(F. Klein)的讨论班,受到后者的器重。正是克莱因推荐希尔伯特去巴黎访问,使他结识了H. 庞加莱

(H. Poincaré)、C. 若尔当(C. Jordan)、E. 皮卡(E. Picard)与C. 埃尔米特(C. Hermite)等法国著名数学家。在从巴黎返回柯尼斯堡途中,希尔伯特又顺访了柏林的L.克罗内克(L. Kronecker)。希尔伯特在自己早期工作中曾追随过克罗内克,但后来在与直觉主义的论战中却激烈地批判"克罗内克的阴魂"。

1886 年 6 月,希尔伯特获柯尼斯堡大学讲师资格。除教课外,他继续探索不变量理论并于 1888 年秋取得突破性进展——解决了著名的"哥尔丹问题",这使他声名初建。1892 年,希尔伯特被指定为柯尼斯堡大学副教授以接替赫尔维茨的位置。同年 10 月,希尔伯特与克特·耶罗施(Käthe Jerosch)结婚。1893 年,希尔伯特升为正教授。1895 年3 月,由于克莱因的举荐,希尔伯特转任格丁根大学教授,此后他始终在格丁根执教,直到 1930 年退休。

在格丁根,希尔伯特又相继发表了一系列震惊数学界的成果:1896 年他向德国数学会递交了代数数论的经典报告《代数数域理论》(*Die Theorie der algebraischen Zahlkörper*);1899 年发表了著名的《几何基础》(*Grundlagen der Geometrie*)并创立了现代公理化方法;同年希尔伯特出人意料地挽救了狄利克雷原理而使变分法研究出现转机;1909 年他巧妙地证明了华林猜想;1901—1912 年通过积分方程方面系统深刻的工作,他开拓了无限多个变量的理论。这些工作确立了希尔伯特在现代数学史上的突出地位。1912 年以后，希尔伯特的兴趣转移到物理学和数学基础方面。

希尔伯特典型的研究方式是直攻重大的具体问题，从中寻找带普遍意义的理论与方法，开辟新的研究方向。他以这样的方式从一个问题转向另一个问题，从而跨越和影响了现代数学的广阔领域。

代数不变量问题（1885—1893）。代数不变量理论是 19 世纪后期数学的热门课题。粗略地说，不变量理论研究各种变换群下代数形式的不变量。古典不变量理论的创始人是英国数学家 G. 布尔（G. Boole）、A. 凯莱（A. Cayley）和 B. 西尔维斯特（B. Sylvester）。n 个变元 $x_1, x_2, \cdots, x_n$ 的 m 次齐次多项式 $J(x_1, x_2, \cdots, x_n)$ 被称为 n 元 m 次代数形式。设线性变换 T 将变元 $(x_1, x_2, \cdots, x_n)$ 变为 $(X_1, X_2, \cdots, X_n)$，此时多项式 $J(x_1, x_2, \cdots, x_n)$ 变为 $J^*(X_1, X_2, \cdots, X_n)$，$J$ 的系数 $a_0, a_1, \cdots, a_q$ 变为 J^* 的系数 $A_0, A_1, \cdots, A_q$。若对全体线性变换 T 有 $J=J^*$，则称 J 为不变式，称在线性变换下保持不变的 J 的系数的任何函数 I 为 J 的一个不变量。凯莱和西尔维斯特等人计算、构造了大量特殊的不变量，这也是 1840—1870 年古典不变量理论研究的主要方向。进一步的发展提出了更一般的问题——寻找不变量的完备系，即对任意给定元数与次数的代数形式，求出最小可能个数的有理整不变量,使任何其他有理整不变量可以表成这个完备集合的具有数值系数的有理整函数。这样的完备系亦叫代数形式的基。在希尔伯特之前,数学家们只是对某些特殊的代数形式给出了上述一般问题的解答,这方面贡献最大的是 P. 哥尔丹(P. Gordan)。哥尔丹几乎毕生从事不变量理论的研究,号称“不变量之王”。他最重要的结果是所谓的“哥尔丹定理”,即对二元形式证明了有限基的存在性。哥尔丹的证明冗长、繁复,但其后二十余年,却无人能够超越。

希尔伯特的工作从根本上改变了不变量理论研究的现状。他的目标是将哥尔丹定理推广到一般情形,他采取的是崭新的、非算法的途径。希尔伯特首先改变了问题的提法:给定了无限多个包含有限个变元的代数形式系,在什么条件下存在一组有限的代数形式系,使所有其他的形式都可表成它们的线性组合?希尔伯特证明了这样的形式系是存在的,然后应用此结果于不变量而得到了不变量系有限整基的存在定理。希尔伯特的证明是纯粹的存在性证明,他不是像哥尔丹等人所做的那样同时把有限基构造出来,这使它在发表之初遭到了包括哥尔丹本人在内的一批数学家的非议。哥尔丹宣称“这不是数学,而是神学!”但克莱因、凯莱等人却立即意识到希尔伯特工作的价值。克莱因指出希尔伯特的证明“在逻辑上是不可抗拒的”,并将希尔伯特的文章带到在芝加哥举行的国际数学会议上去推荐介绍。存在性证明的意义日益获得公认。正如希尔伯特本人阐明的那样:通过存在性证明“就可以不必去考虑个别的构造,而将各种不同的构造包摄于同一个基本思想之下,使得对证明来说是最本质的东西清楚地突显出来,达到思想的简洁和经济,……禁止存在性证明,等于废弃了数学科学”。对于现代数学来说,尤为重要的是希尔伯特的不变量理论把模、环、域的抽象理论带到了显著地位,从而引导了以埃米·诺特(Emmy Noether)为代表的抽象代数学派。事实上,希尔伯特对不变量系有限基的存在性证明,是以一条关键的引理为基础,这条关于模(module,指多项式环中的一个理想)的有限基的存在性引理,正是通过使用模、环、域的语言而获得的。

希尔伯特最后一篇关于不变量的论文是《论完全不变量系》(*Über die vollen Invariantensysteme*, 1893),他在其中表示“由不变量生成的函数域的理论最主要的目标已经达到”,于是他在致闵可夫斯基的一封信中宣告:“从现在起,我将献身于数论。”

代数数域(1893—1898)。希尔伯特往往以对已有的基本定理给出新证明作为他征服某个数学领域的前奏。他对代数数论的贡献,情形亦是如此。1893 年在慕尼黑举办的德国数学会年会上,希尔伯特宣读的第一个数论结果——关于素理想分解定理的新证明,即引起了与会者的重视,数学会遂委托希尔伯特与闵可夫斯基共同准备一份数论进展报告。

该报告最后实际上由希尔伯特单独完成(闵可夫斯基中间因故脱离计划),并于1897年4月以《代数数域理论》为题正式发表(以下简称“报告”)。这份本来只需概述现状的报告,却成为决定下一世纪代数数论发展方向的经典著作。“报告”用统一的观点,将以往代数数论的全部知识铸成一个严密宏伟的整体,在对已有结果给出新的强有力的方法的同时引进新概念,建立新定理,描绘了新的理论蓝图。希尔伯特在“报告”序言中写道:

数域理论是一座罕见的、优美和谐的大厦。就我所见,这座建筑中装备得最富丽的部分是阿贝尔域和相对阿贝尔域的理论,它们是由于库默尔关于高次互反律的工作和克罗内克关于椭圆函数复数乘法的研究而被开拓的。更深入地考察这两位数学家的理论,就会发现其中还蕴藏着丰富的无价之宝,那些了解它们的价值,一心想试一试赢得这些宝藏的技艺的探索者,将会得到丰富的报偿。

“报告”发表后的数年间,希尔伯特本人曾努力发掘这些“宝藏”,这方面的工作始终抓住互反律这个中心,并以类域论的建立为顶峰。

古典互反律最先为L.欧拉(L. Euler,1783)和A. M.勒让德(A. M. Legendre,1785)发现,它描述了一对素数p,q及以它们为模的二次剩余之间所存在的优美关系。

C. F. 高斯(C. F. Gauss)是第一个给二次互反律以严格证明的人(1801),他把它看作算术中的"珍宝",先后做出了七个不同证明,并讨论过高次互反律。

将互反律推广到代数数域情形,是代数数论的一个重要而困难的课题,希尔伯特的工作为此种推广铺平了道路。希尔伯特从二次域的简单情形入手,将二次剩余解释为一个二次域中的范数,将高斯剩余符号解释为范数剩余符号。利用范数剩余符号,古典互反律可以被表示成简单漂亮的形式:

$$\prod_{p}\left(\frac{a,k}{p}\right)=1,$$

此处 p 跑遍无限及有限素点,$\left(\frac{a,k}{p}\right)$即范数剩余符号:

$\left(\frac{a,k}{p}\right)=+1$,若 a 是二次域 k 中的 p-adic 范数;

$\left(\frac{a,k}{p}\right)=-1$,若 a 不是 p-adic 范数。

这样的表述可以被有效地推广,使希尔伯特猜测到高次互反律的一般公式(虽然他未能对所有情形证明其猜测)。

希尔伯特在 1898 年发表的纲领性文章《相对阿贝尔域理论》(*Ueber die Theorie der relativ Abelschen Zahlkörper*)中,概括了一种广泛的理论——类域论。"类域",是一种特别重要的代数数域:设代数数域 k 的伽罗瓦扩张为 K,若 K 关于 k 的维

数等于 k 的类数,且 k 的任何理想在 K 中都是主理想,就称 K 为 k 的类域。希尔伯特当初定义的“类域”,相当于现在的“绝对类域”。作为猜想,希尔伯特建立了类域论的若干重要定理:

(1)任意代数数域 k 上的类域存在且唯一;

(2)相对代数数域 K/k 是阿贝尔扩张,且其伽罗瓦群与 k 的理想类群同构;

(3)K/k 的共轭差积为 1;

(4)对于 k 的素理想 p,如果 f 是最小正整数使 p^f 成为主理想,则 p 在 K 中分解为 $p=\beta_1\beta_2\cdots\beta_g$($N_{K/k}(\beta_i)=p^f, f_g=h$);

(5)(主理想定理)设 K/k 为绝对类域,则将 k 的任意理想扩张到 K 时,就都成为主理想。

希尔伯特在某种特殊情形下给出了上述定理的证明。类域论后经高木贞治和 E. 阿廷(E. Artin)等人进一步发展而成完美的现代数学体系。

希尔伯特关于代数数域的研究同时使他成为同调代数的前驱。“报告”中有一条相对循环域的中心定理——著名的“定理 90”,包含了同调代数的基本概念。

《相对阿贝尔域理论》的发表标志了希尔伯特代数数域研

究的终结。希尔伯特属于这样的数学家,他们竭尽全力打开一座巨大的矿藏后,把无数的珍宝留给后来人,自己却又兴趣盎然地去勘探新的宝藏了。1898 年底,格丁根大学告示:希尔伯特教授将于冬季学期做《欧几里得几何基础》的系列讲演。

几何基础(1898—1902)。H. 外尔(H. Weyl)曾指出:“不可能有什么著作比希尔伯特关于数域论的最后一篇论文与他的经典著作《几何基础》把时期划分得更清楚了。”在 1899 年以前,希尔伯特唯一正式发表的几何论述只有致克莱因的信《论直线作为两点间的最短连接》(*Über die gerade Linie als kürzeste Verbindung zweier Punkte*, 1895)。但事实上,希尔伯特对几何基础的兴趣却可以追溯到更早。1891 年夏,他作为讲师曾在柯尼斯堡开过射影几何讲座。同年 9 月,他在哈雷举行的自然科学家大会上听了 H. 维纳(H. Wiener)的讲演《论几何学的基础与结构》(*Über Grundlagen und Aufbau der Geometrie*)。在返回柯尼斯堡途中,希尔伯特在柏林候车室里说了以下名言:“我们必定可以用‘桌子、椅子、啤酒杯’来代替‘点、线、面’。”说明他当时已认识到直观的几何概念在数学上并不合适。以后希尔伯特又先后做过多次几何讲演,其中最重要的有 1894 年夏季讲座《几何基础》、1898 年复活节假期讲座《论无限概念》(*Über den Begriff des Unendlichen*),它们终于导致了 1898—1899 年冬季学期讲演《几何基础》中的决定性贡献。

欧几里得几何一向被看作数学演绎推理的典范。但人们逐渐察觉到这个庞大的公理体系并非天衣无缝。对平行公理的长期逻辑考察,孕育了 H. И. 罗巴切夫斯基(Н. И. Лбачевский)、J. 波尔约(J. Bolyai)与高斯的非欧几何学,但数学家们却并没有因此而高枕无忧。第五公设的独立性迫使他们对欧几里得公理系统的内部结构做彻底的检查。在这一领域里,希尔伯特主要的先行者是M. 帕施(M. Pasch)和 G. 皮亚诺(G. Peano)。帕施最先以纯逻辑的途径构筑了一个射影几何公理体系(1882),皮亚诺和他的学生 M. 皮耶里(M. Pieri)则将这方面的探讨引向欧氏几何的基础。但他们对几何对象以及几何公理逻辑关系的理解是初步的和不完善的。例如帕施射影几何体系中列出的公理与必需的极小个数公理相比失诸过多;而皮亚诺只给出了相当于希尔伯特的部分(第一、二组)公理。在建造逻辑上完美的几何公理系统方面,希尔伯特是真正获得成功的第一人。正如他在《几何基础》导言中所说:

建立几何的公理和探究它们之间的联系,是一个历史悠久的问题;关于这个问题的讨论,从欧几里得以来的数学文献中有过难以计数的专著,这个问题实际就是要把我们的空间直观加以逻辑的分析。

本书中的研究,是重新尝试着来替几何建立一个完备的,而又尽可能简单的公理系统;要根据这个系统推证最重要的几何定理，同时还要使我们的推证能明显地表出各类公理的含义和个别公理的推论的含义。

与以往相比，希尔伯特公理化方法的主要功绩在于以下两个方面。

首先是关于几何对象本身达到了更高的抽象。希尔伯特的公理系统是从三类不定义对象（点、线、面）和若干不定义关系（关联、顺序、合同）开始的。尽管希尔伯特沿用了欧氏几何的术语，但其实是“用旧瓶装新酒”，在欧氏几何的古典框架内提出现代公理化的观点。欧氏几何中的空间对象都被赋予了描述性定义，希尔伯特则完全舍弃了点、线、面等的具体内容而把它们看作不加定义的纯粹的抽象物。他明确指出欧几里得关于点、线、面的定义本身在数学上并不重要，它们之所以成为讨论的中心，仅仅是由于它们同所选诸公理的关系。这就赋予几何公理系统以最大的一般性。

其次，希尔伯特比任何前人都更透彻地揭示出公理系统的内在联系。《几何基础》中提出的公理系统包括 20 条公理，希尔伯特将它们划分为五组：

Ⅰ.1～8　关联公理

Ⅱ.1～4　顺序公理

Ⅲ.1～5　合同公理

Ⅳ.　　平行公理

Ⅴ.1～2　连续公理

这样自然地划分公理,使公理系统的逻辑结构变得非常清楚。希尔伯特明确提出了公理系统的三大基本要求,即相容性(consistency)、独立性(independency)和完备性(completeness)。

相容性要求公理系统不包含任何矛盾。这是在公理基础上纯逻辑地展开几何学时首先遇到的问题。在希尔伯特之前,人们已通过非欧几何在欧氏空间中的实现而将非欧几何的相容性归结为欧氏几何的相容性。希尔伯特贡献的精华之一,是通过算术解释而将欧氏几何的相容性进一步归结为算术的相容性。例如,将平面几何中的点与实数偶(x,y)对应起来,将直线与联比(u,v,w)(u,v不同时为0)对应起来,表达式$ux+vy+w=0$就表示点落在直线上,这可以看作“关联”关系的算术解释。在对每个概念与关系类似地给出算术解释后,希尔伯特进一步将全部公理化成算术命题,并指出它们仍能适合于这些解释。这样,希尔伯特就成功地证明了:几何系统里的任何矛盾,必然意味着实数算术里的矛盾。

希尔伯特处理独立性问题的典型手法是构造模型:为了证明某公理的独立性,构造一个不满足该公理但满足其余公理的模型,然后对这个新系统证明其相容性。希尔伯特用这样的方法论证了那些最令人关心的公理的独立性，其中一项重大成果是对连续公理（亦叫阿基米德公理）独立性的研究。在这里，希尔伯特建造了不用连续公理的几何学——非阿基米德几何学模型。《几何基础》用了整整五章篇幅来实际展开这种新几何学，显示出希尔伯特卓越的创造才能。

如果说独立性不允许公理系统出现多余的公理，那么完备性则意味着不可能在公理系统中再增添任何新的公理，使与原来的公理集相独立而又与之相容。《几何基础》中的公理系统是完备的，但完备性概念的精确陈述则是由其他学者如 E. 亨廷顿（E. Huntington，1902）、O. 维布伦（O. Veblen，1904）等给出的。

《几何基础》最初发表于 1899 年 6 月格丁根庆祝高斯-韦伯塑像落成的纪念文集上，它激起了对几何基础的大量关注。通过这部著作，希尔伯特不仅使几何学本身具备了空前严密的公理化基础，同时使自己成为整个现代数学公理化倾向的引路人。其后，公理化方法逐步渗透到几乎所有的纯数学领域。正因为如此，人们对《几何基础》的兴趣历久不衰，该书在希尔伯特生前即已六次再版，1977 年纪念高斯诞生 200 周年时发行了第十二版。

变分法与积分方程（1899—1912）。希尔伯特在代数和几何中留下了深刻印记后，接着便跨入数学的又一大领域——分析。他以挽救狄利克雷原理(1899)的惊人之举,作为其分析时期的开端。

狄利克雷原理断言:存在着一个在边界上取给定值的函数 u_0,使重积分

$$F(u)=\iiint\left[\left(\frac{\partial u}{\partial x}\right)^2+\left(\frac{\partial u}{\partial y}\right)^2+\left(\frac{\partial u}{\partial z}\right)^2\right]\mathrm{d}v$$

达极小值,这个极小化函数 u_0 同时是拉普拉斯方程 $\Delta u=0$ 的满足同一边界条件的解。该原理最早出现在 G. 格林(G. Green,1835)的位势论著作中,稍后又为高斯和狄利克雷独立提出。G. F. B. 黎曼(G. F. B. Riemann)首先以狄利克雷的名字命名这一原理并将其应用于复变函数。然而,K. 魏尔斯特拉斯(K. Weierstrass)1870 年以其特有的严格化精神批评了狄利克雷原理在逻辑上的缺陷。他指出:连续函数下界存在并可达,此性质不能随意推广到自变元本身为函数的情形,也就是说在给定边界条件下使积分 $F(u)$ 极小化的函数未必存在。他的批判迫使数学家们闲置狄利克雷原理,但另一方面数学物理中许多重要结果都依赖于此原理而建立。

希尔伯特采取完全不同的思路来处理这一难题。他通过边界条件的光滑化来保证极小化函数的存在,从而恢复狄利克雷原理的功效。具体做法是:设 $F(u)$ 的下界为 d,选择一函数序列 u_n 使 $\lim\limits_{n\to\infty}F(u_n)=d$,此时 u_n 本身不恒收敛,但可

用对角线法获得一处处收敛的子序列,其极限必使积分达极小值。希尔伯特的工作不仅“复活”了具有广泛应用价值的狄利克雷原理,同时大大丰富了变分法的经典理论。

希尔伯特对现代分析影响最为深远的工作是在积分方程方面。积分方程与微分方程一样起源于力学与物理问题,但在发展上却比后者迟缓。它的一般理论到19世纪末才由意大利数学家V. 沃尔泰拉(V. Volterra)等开始建立。在希尔伯特之前,最重要的推进是瑞典数学家E. I. 弗雷德霍姆(E. I. Fredhölm)实现的。弗雷德霍姆处理了后来以他的名字命名的积分方程:

$$f(s) = \varphi(s) - \int_a^b K(s,t)\varphi(t)\,\mathrm{d}t,$$

他将积分方程看作有限线性代数方程组当未知数数目趋于无限时的极限情形,从而建立了积分方程与线性代数方程之间的相似性。希伯尔特于1900—1901年冬从正在格丁根访问的瑞典学者E. 霍尔姆格伦(E. Holmgren)那里获悉弗雷德霍姆的工作,便立即把注意力转向积分方程领域。

一如以往的风格,希尔伯特从完善和简化前人工作入手。他首先严格地实现了从代数方程过渡到积分方程的极限过程,而这正是弗雷德霍姆工作的缺陷。如果希尔伯特停留于此,那他就不可能成为20世纪领头的分析学家之一了。希尔伯特随后便越过弗雷德霍姆的线性代数方程理论,而开

辟了一条独创的道路。他研究带参数的弗雷德霍姆方程

$$f(s) = \varphi(s) - \lambda\int_a^b K(s,t)\varphi(t)\mathrm{d}t, \tag{1}$$

参数 λ 在希尔伯特的理论中具有本质意义。他将重点转到与方程(1)相应的齐次方程的特征值和特征函数问题上,以敏锐的目光看中了该问题与二次型主轴化理论的相似性。希尔伯特首先对二次积分型 $\int_a^b\int_a^b K(s,t)x(s)y(t)\mathrm{d}s\mathrm{d}t$ 建立了广义主轴定理:设$K(s,t)$是 s,t 的连续对称函数,$\varphi^p(s)$是属于方程(1)的特征值 λ_p 的标准化特征函数,则对任意连续的 $x(s)$和 $y(t)$如下关系成立:

$$\int_a^b\int_a^b K(s,t)x(s)y(t)\mathrm{d}s\mathrm{d}t =$$

$$\sum_{p=1}^{\alpha} \frac{1}{\lambda_p}\left(\int_a^b \varphi^p(s)x(s)\mathrm{d}s\right)\left(\int_a^b \varphi^p(s)y(s)\mathrm{d}s\right),$$

其中 α 有限或无限。在无限情形,级数对满足 $\int_a^b x^2(s)\mathrm{d}s < \infty$ 与$\int_a^b y^2(t)\mathrm{d}t < \infty$ 的所有 $x(s),y(t)$绝对一致收敛。

利用上述结果,希尔伯特证明了著名的展开定理(后称希尔伯特-施密特定理),即形如 $f(s) = \int_a^b K(s,t)g(t)\mathrm{d}t$ 的函数可以展成 K 的标准正交特征函数$\{\varphi_p\}$的一致收敛级数 $f(s) = \sum_{p=1}^{\infty} c_p\varphi^p$,其中 $c_p = \int_a^b \varphi^p(s)f(s)\mathrm{d}s$ 为展开式的傅里叶

系数。

希尔伯特接着又将通常的代数主轴定理推广到无限多个变量的二次型，这是他全部理论的关键之处。他证明：存在一个正交变换 T，使得对新变量 $x'=Tx$，全连续有界二次型 $K(x,x)=\sum_{p,q=1}^{\infty}k_{p,q}x_px_q$ 可化为平方和形式 $K(x,x)=\sum_{j=1}^{\infty}k_jx_j^2$（$k_j$ 为特征倒数），其中“全连续”和“有界”性都是希尔伯特为保证主轴定理在无限情形的推广而特意引进的重要概念。

正是在这里，希尔伯特创造了极其重要的具有平方收敛和的数列空间概念。他将二次型 $K(x,x)=\sum_{p,q=1}^{\infty}K_{p,q}x_px_q$ 中无限多个实变量组成的数列$(x_1,x_2,\cdots)$看作可数无限维空间中的一个向量 $\boldsymbol{x}$，考虑具有有限长度 $|\boldsymbol{x}|$（$|\boldsymbol{x}|^2=x_1^2+x_2^2+\cdots$）的 $\boldsymbol{x}$ 的全体，它们构成了现在所谓的希尔伯特空间，它具有发展积分方程论所必需的完备性。

希尔伯特应用上述无限多个变量的二次型理论而获得了积分方程论的主要结果。首先是证明了具有对称核的齐次方程 $\varphi(s)=\lambda\int_a^b K(s,t)\varphi(t)\mathrm{d}t$ 至少存在一个特征值及相应的特征函数。希尔伯特还利用展开定理证明了齐次方程除特征值 λ_p 以外没有非平凡解。这就重建了弗雷德霍姆的“择一定理”。虽然希尔伯特的结果有许多并不是新的,但正如我们已经看到的那样,他彻底改造了弗雷德霍姆的理论,其意义远远超出了积分方程论本身。他所引进的概念与方法,启发了后人大量的工作。其中特别值得提出的是:匈牙利数学家 F. 里斯(F. Riesz)等借完备标准正交系确立了勒贝格平方可积函数空间与平方可和数列空间之间的一一对应关系,制定了抽象希尔伯特空间理论,从而使积分方程理论成为现代泛函分析的主要来源之一。希尔伯特关于积分方程的一般理论同时渗透到微分方程、解析函数、调和分析和群论等研究中,有力地推动了这些领域的发展。

希尔伯特关于积分方程的成果还在现代物理中获得了意想不到的应用。希尔伯特在讨论特征值问题时曾创造了“谱”(spectrum)这个术语,他将谱分析理论从全连续二次型推广至有界二次型时发现了连续谱的存在。到 20 世纪 20 年代,当量子力学蓬勃兴起之时,物理学家们发现希尔伯特的谱分析理论原来是量子力学的非常合适的数学工具。希尔伯特本人对此感触颇深,他指出:无穷多个变量的理论研究,当初完全是出于纯粹数学的兴趣,我甚至管这理论叫“谱分析”,并没有预料到它后来会在实际的物理光谱理论中获得应用。希尔伯特关于积分方程的研究,被总结成专著《线性积分方程一般理论基》(*Grundzüge einer allgemeiner Theorie der linearen Integralgleichungen*)于 1912 年正式出版,其中收进了他1904—1910年发表的一系列有关论文。

物理学(1912—1922)。希尔伯特对物理学的兴趣起初是受其挚友闵可夫斯基的影响。闵可夫斯基去世后,1910—1918年,希尔伯特一直在格丁根坚持定期讲授物理学。从1912年开始,他更将其主要的科学兴趣集中到物理学方面,并为自己配备了物理学助手。

与物理学家不同的是,希尔伯特研究物理学的基本途径是"借助公理来研究那些数学在其中起重要作用的物理科学"。遵循这一路线,希尔伯特先是成功地将积分方程论应用于气体分子运动学,随后又相继处理了初等辐射论与物质结构论;受狭义相对论应用数学的鼓舞,他于1914—1915年大胆地将公理化方法引向当时物理学的前沿——广义相对论并做出了特殊贡献;1927年,他与冯·诺依曼(J. von Neumann)和L. 诺德海姆(L. Nordheim)合作的文章《论量子力学基础》(*Über die Grundlagen der Quantenmechanik*)则推动了量子力学的公理化。

希尔伯特所提倡的公理化物理学的一般意义,至今仍是需要探讨的问题。值得强调的是他在广义相对论方面的工作,确实提供了物理学中运用公理化方法的成功范例。希尔伯特在1914年底被A. 爱因斯坦(A. Einstein)关于相对性引力理论的设想和另一位物理学家G. 米(G. Mie)试图综合电磁与引力现象的纯粹场论计划所吸引,看到了将二者联系起来建立统一物质场论的希望,并立即投入这方面的探讨。他运用变分法、不变式论等数学工具,按公理化方法直接进行研究。1915 年 11 月 20 日,希尔伯特在向格丁根科学会递交的论文《物理学基础,第一份报告》(*Die Grundlagen der physik*,*erste Mitteilung*)中公布了基本结果。他在这份报告中这样概括自己的贡献:遵循公理化方法,事实上是从两条简单的公理出发,我要提出一组新的物理学基本方程,这组方程具有漂亮的理想形式,并且我相信它们同时包含了爱因斯坦与米所提出的问题的解答。希尔伯特所说的两条简单公理是:

公理Ⅰ(世界函数公理) 物理定律由世界函数 H 所决定,使积分 $\int H\sqrt{g}\,\mathrm{d}w$ 对 14 个位势 $g_{\mu\nu}$、q_s 的每个变化皆化为零。

公理Ⅱ(广义协变公理) 世界函数 H 对一般坐标变换皆保持不变。

由公理Ⅰ和公理Ⅱ,希尔伯特首先通过取世界函数 H 对引力势的变分并经适当变换后获得10 个引力方程:

$$K_{\mu v}-\frac{1}{2}g_{\mu v}K=T_{\mu v}\quad(\mu,v=1,2,3,4)。\qquad(2)$$

可以证明,方程组(2)与爱因斯坦的广义协变引力场方程等价。爱因斯坦是在同年 11 月 25 日发表其结果的，比希尔伯特晚了 5 天。希尔伯特引力场方程的推导是完全独立地进行的。不过两位学者之间并没有发生任何优先权的争论，希尔伯特把建立广义相对论的全部荣誉归于爱因斯坦，并在 1915 年颁发第三次鲍耶奖时主动推荐了爱因斯坦。

除了引力场方程，希尔伯特还同时导出了另一组电磁学方程(广义麦克斯韦方程)：

$$\frac{1}{\sqrt{g}}\sum_{k}\frac{\partial\sqrt{g}H^{kh}}{\partial x_{k}}=r^{h}\quad(h=1,2,3,4)。$$

特别重要的是，在希尔伯特的推导中，电磁现象与引力现象被相互关联起来，前者是后者的自然结果，而在爱因斯坦的理论中，电磁方程与引力方程在逻辑上是完全独立的。这样，希尔伯特以数学的抽象推理而预示了统一场论的发展。他后来在《物理学基础，第二份报告》中进一步阐述了统一场论的设想。沿着希尔伯特的路线前进而建立起第一个系统的统一场理论的是他的学生韦尔(规范不变几何学，1918)，而包括爱因斯坦在内的物理学家们对希尔伯特的思想最初却并不理解。爱因斯坦 1928 年在反驳量子力学相容性的企图失败后转而寄厚望于统一场论，并为此而付出了后半生的精力。统一场论至今仍是数学家和物理学家们热烈追求的目标。

数学基础(1917 年以后)。希尔伯特对数学基础的研究是他早期关于几何基础工作的自然延伸。他在几何基础的研究中已将几何学的相容性归结为算术的相容性,这就使算术的相容性成为注意的中心。1904 年,希尔伯特在海德堡召开的数学家大会上所做的《论逻辑与算术的基础》(*Über die Grundlagen der Logik und Arithmetik*)讲演,表明了他从几何基础向一般数学基础的转移。这篇讲演勾画了后来被称为"证明论"(beweistheorie)的轮廓,但这一思想当时并未得到进一步贯彻,在随后十余年间,希尔伯特主要潜心于积分方程和物理学研究而把海德堡计划暂搁一边。直到 1917 年左右,由于集合论悖论和直觉主义的发展日益紧迫地危及古典数学的已有成就,他又被迫回到数学基础的研究上来。同年 9 月,希尔伯特向苏黎世数学会做了题为《公理化思想》(*Axiomatisches Denken*)的讲演,再次公布了证明论的构想。此后他又在一系列讲演和论文中明确展开了以证明论为核心的关于数学基础的所谓形式主义纲领。

按照希尔伯特的纲领,数学被形式化为一个系统,这个形式系统的对象包含了数学的与逻辑的两个方面,人们必须通过符号逻辑的方法来进行数学语句的公式表述,并用形式的程序表示推理:确定一个公式—确定这个公式蕴涵另一个公式—再确定这第二个公式。依此类推,数学证明便由这样一条公式的链所构成。在这里,从公式到公式的演绎过程不涉及公式的任何意义。正如希尔伯特本人所说的那样,数学思维的对象就是符号自身。一个命题是否真实,必须也只需看它是否是这样一串命题的最后一个,其中每一条命题或者是形式系统的一条公理,或者是根据推理法则而导出的命题。同时,希尔伯特的形式化方法重点不在个别命题的真实性,而是整个系统的相容性。这种把整个系统作为研究对象,着眼于整个系统相容性证明的研究,就叫作证明论或"元数学"(metamathematics)的研究。

形式化推理的进行要求保留排中律。为此希尔伯特引进了"超限公理":

$$A(\tau A) \rightarrow A(a),$$

其意思是:若谓词 A 适合于标准对象 τA ,它就适合于每一个对象 a 。例如阿里斯提得斯(Aristides,古希腊政治家)是正直的代表,若此人被证明堕落,那就可以证明所有的人都堕落。此处 τ 称为超限函子。超限公理的应用保证了公式可以按三段论法则来进行演绎。

超限公理还使形式系统的相容性证明得到实质性缩减。为要证明形式系统无矛盾,只要证明在该系统中不可能导出公式 $0 \neq 0$ 即可。对此,希尔伯特方法的基本思想是:只使用普遍承认的有限性的证明方法,不能使用有争议的原则诸如超限归纳、选择公理等,不能涉及公式的无限多个结构性质或无限多个公式操作。希尔伯特的这种有限方法亦由超限公理加以保障:借助超限公理,可将形式系统的一切超限工具(包括全称量词、存在量词以及选择公理等)都归约为一个超限函子 τ,然后系统地消去包含 τ 的所有环节,就不难回到有限观点。

希尔伯特的形式化观点是在同以 L. 布劳威尔(L. Brouwer)为代表的直觉主义针锋相对的争论中发展的。对直觉主义者来说,数学中重要的是真实性而不是相容性。他们认为“一般人所接受的数学远远超出了可以判断其真实意义的范围”,因而主张通过放弃一切真实性受到怀疑的概念和方法(包括无理数、超限数、排中律等)来摆脱数学的基础危机。希尔伯特坚决反对这种“残缺不全”的数学。他说:“禁止数学家使用排中律就等于禁止天文学家使用望远镜和禁止拳击家使用拳头。”与直觉主义为了保全真实性而牺牲部分数学财富的做法相反,希尔伯特则通过完全抽掉对象的真实意义进而建立形式系统的相容性来挽救古典数学的整个体系。希尔伯特对自己的纲领抱着十分乐观的态度,希望“一劳永逸地解决数学基础问题”。然而,1931 年奥地利数学家 K. 哥德尔(K. Gödel)证明了:任何一个足以包含实数算术的形式系统,必定存在一个不可判定的命题 S(即 S 与 $\sim S$ 皆成立)。这使形式主义的计划受到挫折。一些数学家试图通过放宽对形式化的要求来确立形式系统的相容性,例如 1936 年,希尔伯特的学生 G. 根岑(G. Gentzen)在允许使用超限归纳法的情况下证明了算术公理的相容性。但希尔伯特原先的目标依然未能实现。尽管如此，恰如哥德尔所说:希尔伯特的形式主义计划仍不失其重要性,它促进了20世纪数学基础研究的深化。特别是,希尔伯特通过形式化第一次使数学证明本身成为数学研究的对象。证明论已发展成表征着数理逻辑新面貌的富有成果的研究领域。

希尔伯特的形式主义观点,在他分别与其逻辑助手W.阿克曼(W. Ackermann)和P.贝尔奈斯(P. Bernays)合作的两部专著《数理逻辑基础》(*Grundzüge der Theoretischen Logik*,1928)和《数学基础》(*Grundlagen der Mathematik*,1934,1939)中得到了系统的陈述。

数学问题 C.卡拉西奥多里(C. Caratheodory)曾引用过他直接听到的一位当代大数学家对希尔伯特说过的话:“你使得我们所有的人,都仅仅在思考你想让我们思考的问题。”这里指的是希尔伯特1900年在巴黎国际数学家大会上的著名讲演《数学问题》(*Mathematische Probleme*)。这篇讲演也许比希尔伯特任何单项的成果都更加激起了普遍而热烈的关注。希尔伯特在其中对各类数学问题的意义、源泉及研究方法发表了精辟见解,而整个讲演的核心部分则是他根据19世纪数学研究的成果与发展趋势而提出的23个问题,数学史上亦称之为“希尔伯特问题”。这些问题涉及现代数学的大部分领域,它们的解决,对20世纪的数学产生了持久的影响。

1. 连续统假设

1963 年,P. J. 科恩(P. J. Cohen)在下述意义下证明了第一问题不可解:即连续统假设的真伪不可能在策梅罗(Zermelo)-弗伦克尔(Frankel)公理系统内判明。

2. 算术公理的相容性

1931 年哥德尔“不完备定理”指出了用元数学证明算术公理相容性之不可行。算术相容性问题至今尚未解决。

3. 两个等底等高的四面体体积之相等

这一问题 1900 年即由希尔伯特的学生 M. 德恩(M. Dehn)给出肯定解答,是希尔伯特诸问题最早获得解决者。

4. 直线作为两点间最短距离的问题

在构造各种特殊度量几何方面已有许多进展,但问题过于一般,未完全解决。

5. 不要定义群的函数的可微性假设的李群概念

1952 年由 A. 格里森(A. Gleason)、D. 蒙哥马利(D. Montgomery)、L. 齐宾(L. Zippin)等人解决,答案是肯定的。

6. 物理公理的数学处理

在量子力学、热力学等部门,公理化方法已获得很大成功。概率论的公理化则由 A. H. 柯尔莫戈洛夫(A. H. Колмогоров,1933)等完成。

7. 某些数的无理性与超越性

1934 年，A. O. 盖尔范德（A. O. Гедфанд）和 T. 施奈德（T. Schneider）各自独立地解决了问题的后一半，即对任意代数数 $\alpha \neq 0, 1$ 和任意代数无理数 $\beta \neq 0$ 证明了 α^{β} 的超越性。此结果 1966 年又被A. 贝克（A. Baker）等大大推广。

8. 素数问题

一般情形的黎曼猜想仍待解决。哥德巴赫猜想目前最佳结果属于陈景润，张益唐在孪生素数猜想方面做出了重要突破，但二者均未最后解决。

9. 任意数域中最一般的互反律之证明

已由高木贞治（Takagi Teiji）（1921）和阿廷（E. Artin，1927）解决。

10. 丢番图方程可解性的判别

1970 年，Ю. Н. 马蒂雅谢维奇（Ю. Н. Матиясевич）证明了希尔伯特所期望的一般算法是不存在的。

11. 系数为任意代数数的二次型

H. 哈塞（H. Hasse，1929）和 C. L. 西格尔（C. L. Siegel，1936，1951）在这个问题上获得了重要结果。

12. 阿贝尔域上的克罗内克定理在任意代数有理域上的推广

尚未解决。

13. 不可能用仅有两个变数的函数解一般七次方程

连续函数情形 1957 年由 B. 阿诺尔德(B. Арнольд)否定解决,如要求解析函数则问题尚未解决。

14. 证明某类完全函数系的有限性

1958 年永田雅宜(Nagata Masayosi)给出了否定解答。

15. 舒伯特计数演算的严格基础

舒伯特计数演算的合理性尚待解决。至于代数几何基础已由范德瓦尔登(B. L. van der Waerden,1940)与 A. 韦伊(A. Weil,1950)建立。

16. 代数曲线和曲面的拓扑

问题前半部分近年来不断有重要结果,至于后半部分,И. Т. 彼得罗夫斯基(И. Т. Петровский)曾声明他证明了 $n=2$ 时极限环个数不超过 3。这一结论是错误的,已由中国数学家指出反例(1979)。

17. 正定形式的平方表示式

已由阿廷解决(1926)。

18. 由全等多面体构造空间

带有基本域的群的个数的有限性已由 L. 比贝尔巴赫(L. Bieberbach,1910)证明;问题第二部分(是否存在不是运动群的基本域但经适当毗连可充满全空间的多面体)已由赖因哈特(Reinhardt,1928)和黑施(Heesch,1935)分别给出三维和二维情形的例子。

19. 正则变分问题的解是否一定解析

问题在下述意义下已解决:C. 伯恩斯坦(C. Бернщтейи,1904)证明了一个变元的解析非线性椭圆方程其解必定解析。此结果后又被推广到多变元和椭圆组的情形。

20. 一般边值问题

偏微分方程边值问题的研究正在蓬勃发展。

21. 具有给定单值群的线性微分方程的存在性

1908 年 J. Plemelj 对此问题给出了肯定解答,但后发现其证明有漏洞。1989 年苏联数学家 A. A. Bolibrukh 举出反例,使第 21 问题最终获否定解决。

22. 解析关系的单值化

一个变数情形已由 P. 克贝(P. Koebe,1907)解决。

23. 变分法的进一步发展

希尔伯特无疑是属于 20 世纪最伟大的数学家之列,他生前即已享有很高声誉。1910 年获匈牙利科学院第二次波尔约奖(该奖第一次得主是庞加莱);从 1902 年起一直担任有影响的德国《数学年刊》(*Mathematische Annalen*)主编;他是许多国家科学院的荣誉院士。德国政府授予他“枢密顾问”称号。

希尔伯特同时是一位杰出的教师,他在这方面与不喜欢教书的高斯有很大的不同。希尔伯特讲课简练、自然,向学生展示“活”的数学。他乐于同学生交往,常常带着他们在课余长时间散步,在融洽的气氛中切磋数学。希尔伯特并不特别看重学生的天赋,而强调李希登堡(Lichtenberg)的名言“天才就是勤奋”。对学生们来说,希尔伯特不像克莱因那样是“远在云端的神”,在他们的心目中,“希尔伯特就像一位穿杂色衣服的风笛手,用甜蜜的笛声引诱一大群老鼠跟着他走进数学的深河”(见研究文献[8])。这位平易近人的教授周围,聚集起一批有才华的青年。仅在希尔伯特直接指导下获博士学位的学生就有 69 位,他们不少人后来成为卓有贡献的数学家,其中包括 H. 外尔(H. Weyl, 1908)、R. 柯朗(R. Courant,1910)、E. 施密特(E. Schmidt,1905)和 O. 布鲁门萨尔(O. Blumenthal,1898)等(详细名单及学位论文目录参见原始文献[1])。曾在希尔伯特身边学习、工作或访问而受到他的教诲的数学家更是不计其数,最著名的有埃米・诺特(Emmy Noether)、J. 冯・诺依曼(J. von Neumann)、高木贞治、C. 卡拉西奥多里(C. Caratheodory)、E. 策梅罗(E. Zermelo)等。

希尔伯特的学术成就、教学活动及其个性风格,使他成为一个强大的学派的领头人。20 世纪初的 30 年间,格丁根成为名副其实的国际数学中心。韦尔后来回忆当年格丁根盛况时指出:希尔伯特“对整整一代学生所产生的如此强大和神奇的影响,在数学史上是罕见的”。“在像格丁根那样的小城镇中的大学，特别是在1914年前平静美好的日子里，是发展科学学派的有利场所，……一旦一帮学生围绕着希尔伯特，不被杂务所打扰而专门从事研究，他们怎能不相互激励……在形成科学研究这种凝聚点时，有着一种雪球效应”。(见研究文献[8]，[9])

然而，在第二次世界大战中，希尔伯特的学派不幸遭到打击。他的大部分学生在法西斯政治迫害下纷纷逃离德国。希尔伯特本人因年迈未能离去，在极其孤寂的气氛下度过了生命的最后岁月。1943年希尔伯特因摔伤引起的各种并发症而与世长辞。葬礼极为简单，他的云散异国的学生都未能参加，他们很晚才获悉噩耗。战争阻碍了对这位当代数学大师的及时悼念。

希尔伯特学派的成员后来纷纷发表文章和演说，论述希尔伯特的影响。外尔认为：“我们这一代数学家还没有能达到与他相比的崇高形象。”除了具体的学术成就，希尔伯特培育、提倡的格丁根数学传统，也已成为全世界数学家的共同财富。希尔伯特寻求“精通单个具体问题与形成一般抽象概念之间的平衡”。他指出数学研究中问题的重要性，认为“只要一门科学分支能提出大量的问题，它就充满着生命力，而问题缺乏则预示着独立发展的衰亡或中止”。这正是他在巴黎提出前述23个问题的主要动机；希尔伯特强调数学的统一性——“数学科学是一个不可分割的有机整体，它的生命力正是在于各个部分之间的联系……数学理论越是向前发展,它的结构就变得越加调和一致,并且这门科学一向相互隔绝的分支之间也会显露出原先意想不到的关系","数学的有机的统一,是这门科学固有的特点";希尔伯特将思维与经验之间"反复出现的相互作用"看作数学进步的动力。因此,诚如柯朗所说:"希尔伯特以他感人的榜样向我们证明:……在纯粹数学和应用数学之间不存在鸿沟,数学和科学总体之间,能够建立起果实丰满的结合体。"

卡拉西奥多里指出:"指导希尔伯特一生的最高准则是绝对的正直和诚实。"这种正直、诚实,不仅表现在科学活动上,而且表现在对待社会和政治问题的态度上。希尔伯特憎恶一切政治的、种族的和传统的偏见,并敢于挺身抗争。第一次世界大战初,他冒着极大的风险,拒绝在德国政府起草的为帝国主义战争辩护的"宣言"上签名,并表示不相信其中编造的事实是"真的";战争期间,他又勇敢地发表悼词,悼念交战国法国的数学家 G. 达布(G. Darboux)的逝世;他曾力排众议,不顾当局不让女性任职的惯例,为女数学家埃米·诺特争取当讲师的权利;他对希特勒的排犹运动也表示了极大的愤慨。

希尔伯特出生于康德之城,是在康德哲学的熏陶下成长的。他对这位同乡怀有敬慕之情,却没有让自己变成其不可知论的殉道者。相反,希尔伯特对于人类的理性,无论在认识自然还是社会方面,都抱着一种乐观主义。在巴黎讲演中,希尔伯特表述了任何数学问题都可以得到解决的信念,认为"在数学中没有 ignorabimus(不可知)"。1930 年,在柯尼斯堡自然科学家大会上,希尔伯特被他出生的城市授予荣誉市民称号。在题为《自然的认识与逻辑》的致辞中,他批判了"堕入倒退与不毛的怀疑主义",并在演说结尾坚定地宣称:"Wir müssen wissen. Wir werden wissen!"(我们必须知道,我们必将知道!)柯朗在格丁根纪念希尔伯特诞生 100 周年的演说中指出:"希尔伯特那有感染力的乐观主义,即使到今天也在数学中保持着他的生命力。唯有希尔伯特的精神,才会引导数学继往开来,不断成功。"

文 献

原始文献

[1] Hilbert D. Gesammelte Abhandlungen, Ⅰ, Ⅱ, Ⅲ, Springer, Berlin, 1932—1935。《全集》共 3 卷,其中包括 1900 年巴黎讲演《数学问题》,并附有希尔伯特的学生 O. Blumenthal 所写希尔伯特传略和希尔伯特学派其他成员对其工作的评述(Van der Waerden:代数;H. Hasse:代数数论;A. Schmidt:几何基础;E. Hellinger:积分方程;P. Bernays:数学基础).

[2] Hilbert D. Grundlagen der Geometrie, 初版 Teubner, Leipzig, 1899;第十二版, Teubner, Stuttgart 1977(中译本:

D. 希尔伯特. 几何基础,上册(第二版). 北京:科学出版社,1987).

[3]Hilbert D. Grundzüge einer allgemeinen Theorie der linearen Integralgleichungen, Teubner, Leipzig und Berlin. 1912.

[4]Hilbert D,Courant R. Mathematischen Physik, Ⅰ,Ⅱ, Springer, Berlin,1924,1937(中译本:R. 柯朗,D. 希尔伯特. 数学物理方法, Ⅰ,Ⅱ. 北京:科学出版社,1958,1977).

[5]Hilbert D,Ackermann W. Grundzüge der Theoretischen Logik,Springer,Berlin,1928(中译本:D. 希尔伯特,等. 数理逻辑基础. 北京:科学出版社,1958).

[6]Hilbert D,Cohn-Vossen S. Anschauliche Geometrie,Springer,Berlin,1932(中译本:D. 希尔伯特,S. 康福森. 直观几何(上,下). 北京:人民教育出版社,1959,1964).

[7]Hilbert D,Bernays P. Grundlagen der Mathematik,Ⅰ,Ⅱ,Springer,Berlin,1934,1939.

研究文献

[8]Weyl H. David Hilbert and his mathematical work. Bulletin of American Mathematical Society,1944,50,p. 612-654(中译本:赫尔曼·外尔. 大卫·希尔伯特及其数学工作. 数学史译文集,p. 33-59,上海科学技术出版社,1981).

[9]Reid C. Hilbert. Springer, New York, Heidelberg, Berlin, 1970(中译本:康斯坦西·瑞德. 希尔伯特,上海科学技术出版社,1982).

[10]Freudenthal H, Hilbert. Dictionary of scientific biography, VI, Charles Scribner's Sons, New York, 1972.

[11] Bernays P, Hilbert. Encyclopedia of philosophy, Ⅲ, MacMitian, New York, 1967.

[12]Browder F. (ed.) Mathematical developments arising from Hilbert problems, Proceeding of Symposia in Pure Mathvmatics of American Mathematical Society. Vol. 21, 1976.

数学问题
——希尔伯特在1900年巴黎国际数学家大会上的演讲

我们当中有谁不想揭开未来的帷幕，看一看在今后的世纪里我们这门科学发展的前景和奥秘呢？我们下一代的主要数学思潮将追求什么样的特殊目标？在广阔而丰富的数学思想领域，新世纪将会带来什么样的新方法和新成果？

历史教导我们，科学的发展具有连续性。我们知道，每个时代都有它自己的问题，这些问题后来或者得以解决，或者因为无所裨益而被抛到一边并代之以新的问题。如果我们想对不久的将来数学知识可能的发展有一个概念，就必须回顾一下当今科学提出的、期望在将来能够解决的问题。现在，当此世纪更迭之际，我认为正适于对这些问题进行这样一番检阅。因为，一个伟大时代的结束，不仅促使我们追溯过去，而且把我们的思想引向未知的将来。

某类问题对于一般数学进展的深远意义以及它们在研

究者个人的工作中所起的重要作用是不可否认的。只要一门科学分支能提出大量的问题,它就充满着生命力;而问题缺乏则预示着这门科学独立发展的衰亡或中止。正如人类的每项事业都追求着确定的目标一样,数学研究也需要自己的问题。正是通过这些问题的解决,研究者锻炼其钢铁意志,发现新方法和新观点,达到更为广阔和自由的境界。

想要预先正确判断一个问题的价值是困难的,并且常常是不可能的,因为最终的判断取决于科学从该问题得到的获益。虽说如此,我们仍然要问,是否存在一般的准则可借以鉴别出好的数学问题。一位法国老数学家曾经说过:

要使一种数学理论变得这样清晰,以致你能向在大街上遇到的每一个人解释它。在此以前,这一数学理论不能被认为是完善的。

这里对数学理论所坚持的清晰性和易懂性,我想更应以之作为对一个堪称完善的数学问题的要求,因为,清楚的、易于理解的问题吸引着人们的兴趣,而复杂的问题却使我们望而却步。

其次,为了具有吸引力,一个数学问题应该是困难的,但却不应是完全不可解决而致使我们白费气力。在通向隐藏的真理的曲折道路上,它应该是指引我们前进的一盏明灯,并最终以成功的喜悦作为对我们的报偿。

以往的数学家惯于以巨大的热情去致力于解决那些特殊的难题。他们懂得困难问题的价值。我只提醒大家注意伯努利(Bernoulli)提出的“最速降落线问题”。在公开宣布这一问题时,伯努利说:经验告诉我们,正是摆在面前的那些困难而同时也是有用的问题,引导着有才智的人们为丰富人类的知识而奋斗。以M.梅森(M. Mersenne)、B.帕斯卡(B. Pascal)、费马(Fermat)、V.维维亚尼(V. Viviani)等人为榜样,伯努利在当时杰出的分析学家面前提出了一个问题,这个问题好比一块试金石,通过它,分析学家们可以检验其方法的价值,衡量他们的能力。伯努利因此而博得数学界的感谢。变分学的起源应归功于这个伯努利问题和相类似的一些问题。

众所周知,费马曾断言丢番图方程(Diophantine Equation)

$$x^n + y^n = z^n \quad (x、y、z\text{ 为整数})$$

除去某些自明的情形外是不可解的。证明这种不可解性的尝试,提供了一个明显的例子,说明这样一个非常特殊、似乎不十分重要的问题会对科学产生怎样令人鼓舞的影响。受费马问题的启发,E. E.库默尔(E. E. Kummer)引进了理想数,并发现了把一个循环域的数分解为理想素因子的唯一分解定理。这一定理今天已被J. W. R.狄德金(J. W. R. Dedekind)和L.克罗内克(L. Kronecker)推广到任意代数域,在近代数论中占着中心地位,而且其意义已远远超出数论的范围而深入到代数和函数论的领域。

说到另一很不相同的研究领域，请大家注意三体问题。由庞加莱引进到天体力学中来的那些卓有成效的方法和影响深远的原则，今天也被实用天文学家所确认和应用，而它们正是起因于庞加莱对三体问题的研究：他重新研究了这个困难问题并使它更接近于解决。

上述两个问题——费马问题和三体问题——对我们来说似乎是两个相反的极端。前者是纯推理的发现，属于抽象数论的领域；后者则是天文学向我们提出的问题，是理解最简单的基本自然现象的需要。

然而，常常也会发生这样的情形，即同一特殊的问题会在极不相同的数学分支中获得应用。例如，在几何基础、曲线曲面论、力学以及变分学中，短程线问题都在历史上起着根本的、十分重要的作用。F. 克莱因(F. Klein)在一本关于二十面体的书中对正多面体问题在初等几何、群论、方程论以及线性微分方程理论中的重要意义的描述，是何等令人信服啊！

为了说明某些问题的重要性，我还要提出 K. 魏尔斯特拉斯(K. Weierstrass)。魏尔斯特拉斯认为他的极大的幸运是在其科学事业之初，就找到了像雅可比逆问题这样一个重要的、可供研究的问题。

在回顾了问题在数学中的一般重要性之后，我们现在要转向这样一个问题：数学这门科学究竟以什么作为其问题的源泉呢？在每个数学分支中，那些最初、最老的问题肯定是起源于经验，是由外部的现象世界所提出。整数运算法则就是以这种方式在人类文明的早期被发现的，正如今天的儿童通过经验的方法来学习运用这些规则一样。对于最初的几何问题，诸如自古相传的二倍立方问题、化圆为方问题等，情形也是如此。同样的还有数值方程的解、曲线论、微积分、傅里叶级数和位势理论中那些最初的问题，更不用说更大量的属于力学、天文和物理学方面的问题了。

但是，随着一门数学分支的进一步发展，人类的智力受着成功的鼓舞，开始意识到自己的独立性。它自身独立地发展着，通常并不受来自外部的明显影响，而只是借助于逻辑组合、一般化、特殊化，巧妙地对概念进行分析和综合，提出新的富有成果的问题，因而它自己就以一个真正提问者的身份出现。这样就产生出素数问题和其他算术问题以及伽罗瓦的方程式理论、代数不变量理论、阿贝尔函数和自守函数论等方面的一系列问题。确实，近代数论和函数论中几乎所有较深入的问题都是以这样的方式提出的。

其间，当纯思维的创造力进行工作时，外部世界又重新开始起作用，通过实际现象向我们提出新的问题，开辟新的数学分支。而当我们试图征服这些新的、属于纯思维王国的知识领域时，常常会发现过去未曾解决的问题的答案，这同时就极有成效地推进着老的理论。据我看来，数学家们在他们这门科学各分支的问题提法、方法和概念中所经常感觉到的那种令人惊讶的相似性和仿佛事先有所安排的协调性，其根源就在于思维与经验之间这种反复出现的相互作用。

还要简单地讨论一下：对于一个数学问题的解答，应该提出怎样的一般要求。我认为这首先是要有可能通过以有限个前提为基础的有限步推理来证明解的正确性，而这些前提包含在问题的陈述中并且必须对每个问题都有确切定义。这种借助有限推理进行逻辑演绎的要求，简单地说就是对于证明过程的严格性的要求。这种严格性要求在数学中已经像座右铭一样变得众所周知，它实际上是与我们悟性的普遍的哲学需要相应的；另一方面，只有满足这样的要求，问题的思想内容和它的丰富涵义才能充分体现。一个新的问题，特别是当它来源于外部经验世界时，很像一株幼嫩的新枝，只要我们小心地、按照严格的园艺学规则将它移植到已有数学成就粗实的老干上去，就会茁壮成长并开花结果。

把证明的严格化与简单化决然对立起来是错误的。相反，我们可以通过大量例子来证实：严格的方法同时也是比较简单、比较容易理解的方法。正是追求严格化的努力驱使我们去寻求比较简单的推理方法。这还常常会引导出比严格性较差的老方法更有发展前途的方法。这样，借助于更为严格的函数论方法和协调地引进超越手段，代数曲线的理论经历了很大的简化，并达到了更高的统一。还有，对幂级数可以应用四则算术运算，并进行逐项微分与积分，这一事实的证明以及通过这种证明而获得的对幂级数用处的认识，大大促进了整个分析的简化，特别是消去法和微分方程论，还有这些理论所需要的存在性证明的简化。但是，我要提出的最突出的例子是变分法。处理定积分的一阶和二阶变分，有时需要复杂的计算，而以往数学家所采用的算法缺乏必要的严格性。魏尔斯特拉斯给我们指出了通向崭新而牢靠的变分学基础的道路。在本演讲的末尾，我将以单积分为例，简要地指出，遵循这条道路如何同时导致变分学的惊人简化，即在证明极小和极大值出现的充分和必要条件时，二阶变分的计算，实际上还包括某些与一阶变分有关的令人厌倦的推导，都可以完全省去——更不用说这样的进步，即可以去掉对于变分要求其中的函数微商变化很小的限制了。

另一方面，在坚持把证明的严格性作为完善地解决问题的一种要求的同时，我要反对这样一种意见，即认为只有分析的概念，甚至只有算术的概念才能严格地加以处理。这种意见，有时为一些颇有名望的人所提倡，我认为是完全错误的。对于严格性要求的这种片面理解，会立即导致对一切从几何、力学和物理中提出的概念的排斥，从而堵塞来自外部世界的、新的材料源泉，最终实际上必然会拒绝接受连续统和无理数的思想。这样一来，由于排斥几何学和数学物理，一条多么重要的、关系到数学生命的神经被切断了！与这种意见相反，我认为：无论数学概念从何处提出，无论是来自认识论或几何学方面，还是来自自然科学理论方面，都会对数学提出这样的任务：研究构成这些概念的基础的原则，从而把这些概念建立在一种简单而完备的公理系统之上，使新概念的精确性及其对于演绎之适用程度无论在哪一方面都不会比以往的算术概念差。

新符号必须服从于新概念。我们用这样的方式来选择这些符号，使得它们会令人想到曾经是形成新概念的缘由的那种现象。这样，几何图形就是直观空间的帮助记忆的符号，所有的数学家正是如此来使用它们的。谁不会用同一直线上的三点配上不等式 $a > b > c$ 来作为"之间"这个概念的几何图形呢？当需要证明一条关于函数连续性或聚点存在的困难定理时，谁不会使用一个套一个的线段或矩形图像呢？谁能够完全不使用三角形、带中心的圆或由三根互相垂直的轴组成的坐标架这样一些图形呢？谁又会放弃在微分几何、微分方程论、变分学基础以及其他的纯数学分支中起着如此重要作用的向量场图示法或曲线、曲面族及其包络的图形呢？

算术符号是文字化的图形，而几何图形则是图像化的公式；没有一个数学家能缺少这种图像化的公式，正如在数学演算中他们不能不使用加、脱括号的操作或其他的分析符号一样。

采用几何符号作为严格证明的一种手段，是以对于构成这些图形基础的公理的确切理解和完全掌握为前提的，为了使这些几何图像可以融入数学符号的总宝库，必须对它们的直观内容进行严格的公理化研究。正如在两数相加时，人们必须把相应的数字按位数上下对齐，使得这些数字的正确演算只受运算规则即算术公理的支配，几何图形的使用也是由几何概念的公理及其组合所决定的。

几何与算术思维之间的这种一致性还表现在：在算术中，也像在几何学中一样，我们通常都不会循着推理的链条去追溯最初的公理。相反的，特别是在开始解决一个问题时，我们往往凭借对算术符号的性质的某种算术直觉，迅速地、不自觉地去应用并不是绝对可靠的公理组合。这种算术直觉在算术中是不可缺少的，就像在几何学中不能没有几何想象一样。作为用几何概念与几何符号来严格处理算术理论的一个例子，我要提到 H. 闵可夫斯基（H. Minkowski）的著作：《数的几何》（*Geometrie Zahlen*）①。

下面，我想对在数学问题中常会遇到的困难和克服这些困难的办法加以分析。

在解决一个数学问题时如果我们没有获得成功，原因常

① Leipzig，1896.

常在于我们没有认识到更一般的观点，即眼下要解决的问题不过是一连串有关问题中的一个环节。采取这样的观点之后，不仅我们所研究的问题会容易得到解决，同时还会获得一种能应用于有关问题的普遍方法。柯西在定积分理论中引进复积分路径，库默尔在数论中引进“理想”的概念，就是这样的例子。这种寻求一般方法的途径肯定是最行得通也是最可靠的，因为手中没有明确的问题而去寻求一般方法的人，他们的工作多半是徒劳无益的。

在讨论数学问题时，我们相信特殊化比一般化起着更为重要的作用。可能在大多数场合，我们寻找一个问题的答案而未能成功的原因，是这样的事实，即有一些比手头的问题更简单、更容易的问题没有完全解决或是完全没有解决。这时，一切都有赖于找出这些比较容易的问题并使用尽可能完善的方法和能够推广的概念来解决它们。这种方法是克服数学困难的最重要的杠杆之一，我认为人们是经常使用它的，虽然也许并不自觉。

有时会碰到这样的情况：我们是在不充分的前提下或不正确的意义上寻求问题的解答，因此不能获得成功。于是就会产生这样的任务：证明在所给的前提和所考虑的意义下原来的问题是不可能解决的。这样一种不可能性的证明古人就已实现，例如他们证明了一等腰直角三角形的斜边与直角边的比是无理量。在以后的数学中，关于某些解的不可能性的问题起着重要作用，这样，我们领悟到：一些古老而困难的问题诸如平行公理的证明，化圆为方，或用根式求解五次方程等，业已获得充分满意和严格的解决，尽管是在与原先的企图不同的另一种意义上。

也许正是这一值得注意的事实，加上其他哲学上的因素，给人们以这样的信念（这信念为所有数学家所共有，但至少迄今还没有一个人能给以证明），即每个确定的数学问题都应该能得到明确的解决，或者是成功地对所给问题做出回答，或者是证明该问题解的不可能性，从而指明解答原问题的一切努力都肯定要归于失败。拿任一确定的、尚未解决的问题来说，例如关于欧拉-马许罗尼（Euler-Mascheroni）常数 C 的无理性问题或是否存在无限多个形如 2^n+1 的素数问题。无论这些问题在我们看来多么难以解决，无论在这些问题面前我们显得多么无能为力，我们仍然坚定地相信，它们的解答一定能通过有限步纯逻辑推理而得到。

这条认为所有的问题都能解决的公理，仅仅是数学思想所独有的特征吗？抑或是我们的悟性所固有的一般规律，即它所提出的一切问题必能被它自身所回答？因为，在其他科学中，人们也常遇到一些老的问题，通过不可能性的证明，这些问题被一种对科学来说是最满意、最有用的方式解决了。我想援引永动机的问题。在构造永动机的努力失败以后，科学家们研究了在这种机器不可能存在的情况下，自然力之间必须存在的关系[1];而这个反问题引导到能量守恒定律的发现,反过来又解释了原来希望制造的永动机的不可能性。

这种相信每个数学问题都可以解决的信念,对于数学工作者是一种巨大的鼓舞。在我们中间,常常听到这样的呼声:这里有一个数学问题,去找出它的答案!你能通过纯思维找到它,因为在数学中没有不可知(ignorabimus)。

数学问题的宝藏是无穷无尽的,一个问题一旦解决,无数新的问题就会代之而起。下面请允许我尝试着提出一些特定的问题,它们来源于数学的各个分支。通过对这些问题的讨论,我们可以期待科学的进步。

让我们来看一看分析和几何学的原理。在这个领域里,19 世纪最有启发性和最值得重视的成就,我认为是柯西、波尔察诺和康托尔著作中连续统概念的算术表述,以及高斯、鲍耶和罗巴切夫斯基发现的非欧几何学。所以,我首先把诸位的注意力引向这些领域中的若干问题。

1. 康托尔的连续统基数问题

两个系统,即两个通常的实数集或点集,被认为是(按康托尔的说法)等价的或是有相等的基数,如果它们相互间可以建

---

① 参阅 Helmholtz:Über die Wechselwirkung der Naturkräefte und die darauf bezüglichen neuesten Ermittlungen der Physik;Vortrag,gehalten in Königsberg,1854.

立起一种关系，使得一个集合中每个数都对应并且只对应于另一集合中一个确定的数。康托尔关于这种集合的研究，提出了一个似乎很合理的定理，可是，尽管经过坚持不懈的努力，还没有人能成功地证明这条定理。这条定理是这样的：

每个由无穷多实数组成的系统，即每个（无穷）数集（或点集），或者等价于自然数的集合 1，2，3，…，或者等价于全体实数的集合，从而等价于连续统即一条直线上点的全体；因此，就等价关系而言，只有两种（无穷）数集，可数集和连续统。由这条定理，立即可以得出结论：连续统所具有的基数，紧接在可数集基数之后。所以，这条定理的证明，将在可数集与连续统之间架起一座新的桥梁。

让我来讲述康托尔的另一个值得重视的命题，它与已经提到的那个定理有极为密切的关系，并且也许会给该定理的证明提供一把钥匙。任一实数系统被认为是有序的，如果对于系统中任意两个数，可以判别哪一个在前，哪一个在后，同时此种判别方法具有这样的性质，使得若 a 在 b 之前，b 在 c 之前，则必有 a 在 c 之前。一系统中数的自然排列被定义为：按照这种排列，较小的数恒在较大的数之前。但是容易看出，一系统的数可以按无限多种其他的方式来进行排列。

我们设想数字的某一确定的排列，并且从这些数中选出一个特殊的数系，即选出一个所谓部分系统或部分集合，那么可以证明,这个部分系统也是有序的。现在,康托尔考虑一种特殊类型的有序集,他称之为良序集,它们可以这样来刻画:不仅是集合本身,而且每个部分集合都有一个首数。整数系 1,2,3,…按其自然顺序显然是一个良序集。相反的,所有实数的系统即连续统按其自然顺序却显然不是良序集。因为,如果我们把直线上一个除去了起点的线段看作部分集合,它将没有首元素。

现在提出的问题是:实数全体是否可以按其他方式排列,使得每个部分集合都有一个首元素,也就是说,连续统是否能够被看作为良序集——康托尔认为这个问题的答案是肯定的。我感到迫切需要的是对康托尔这一值得注意的命题做出直接的证明,这种证明多半是通过实际地给出一种数的排列,使能够在每个部分系统中指出一个首元素。

2.算术公理的相容性

在研究一门科学的基础时,我们必须建立一套公理系统,它包含着对这门科学基本概念之间所存在的关系的确切而完备的描述。如此建立起来的公理同时也是这些基本概念的定义;并且,我们正在检验其基础的科学领域里的任何一个命题,除非它能够从这些公理通过有限步逻辑推理而得到,就不能认为是正确的。更进一步的研究会提出这样的问题:这组公理中个别公理的确定陈述是否以某种方式相互依赖?如果我们希望达到一种全体互相独立的公理系统,这组公理是否因此就不能包含共通的部分而必须将那些共通部分隔离出去？但是，我想首先指出下述的问题，在关于公理所能提出的许多问题中，下述问题最为重要，这个问题是：证明这些公理不互相矛盾，就是说，以它们为基础而进行的有限步骤的逻辑推演，绝不会导致矛盾的结果。在几何学中，公理相容性的证明可以这样来实现，即构造一个适当的数域，使得域中数字之间的类似关系与几何公理相对应。几何公理演绎中的任何矛盾，必定能在该数域的算术中得到识别。这样，所要求的几何公理相容性的证明，便归结为算术公理的相容性定理。

另一方面，为了证明算术公理的相容性，就需要一种直接的方法。算术公理实质上无非就是熟知的运算规则，再加上连续公理。最近我把所有这些公理集合起来①，同时用两条较为简单的公理来代替连续公理，这两条公理就是众所周知的阿基米德公理和另一条大体上如下所述的新公理：数所形成的系统，当它满足所有其他公理时，不可能再做进一步的扩充（完备性公理）。我坚信，通过对无理数理论中熟知的推理方法的仔细研究和适当变更，一定能够找到算术公理相容性的直接证明。

为了从另一个角度来说明这个问题的意义，我要补充下

① Jber. dtsch. Math.-Ver. Bd. 8(1900)S. 180.

述观点:如果一个概念具有矛盾的属性,那我就认为这个概念在数学上不存在,比如平方等于-1的实数在数学上是不存在的。而倘若能证明:这个概念所赋有的属性在经历有限的逻辑过程后绝不会导致矛盾,我就认为这个概念(例如满足一定条件的数或函数)在数学上的存在性得到了证明。在目前的场合,我们关心的是算术中的实数公理,此时算术公理相容性的证明同时也就是完备的实数系或连续统的数学存在性的证明。确实,算术公理相容性的证明一旦得到充分解决,不时产生的关于完备的实数系是否存在的怀疑就将变得毫无根据。实数的全体,亦即上面所指明的意义上的连续统,并不是一切可能的十进分数展开的全体,也不是其元素按一切可能规则排列的基本序列的全体。确切地说,它是一种事物系统,这些事物之间的相互关系受着所设公理的支配,同时对于它们来说,所有那些能通过有限的逻辑步骤而从公理推得的命题,并且也只有这样一些命题,才是正确的。我认为,连续统的概念仅仅在这样的意义上才能严格地从逻辑上站住脚跟。在我看来,这实际上也最符合于我们的经验与直觉。那么,连续统的概念,乃至一切函数所组成的系统的概念,它们的存在,其意义与例如整数系、有理数系或者与康托尔的高阶数类和基数①完全相同。因为我相信后者的存

① 希尔伯特此处所说的"康托尔的高阶数类和基数",即一般所说的超穷序数与超穷基数。——中译注

在性同连续统一样，可以在我已经描述过的意义上得到证明；所有基数组成的系统，或者所有康托尔的阿列夫组成的系统则不一样。对于它们，可以证明，不能在我所说的意义上相容的公理系统建立。因此，按照我的术语，这些系统无论哪一个在数学上都是不存在的。

在几何基础方面，我想提出下列问题：

3. 两个等底等高的四面体体积之相等

在给哥林(Gerling)的两封信中[①]，高斯对于一些立体几何的定理依赖于穷竭法，即依赖于现代用语中所说的连续公理(或阿基米德公理)而表示不满。高斯特别提到欧几里得定理，这个定理说：两个等高的三棱锥，其体积之比等于底面积之比。现在，平面上的类似问题已经解决[②]。哥林还通过将图形剖分为全等的部分来成功地证明两对称多面体体积之相等[③]。虽然如此，我认为对于刚才提到的欧几里得定理，似乎不可能做这种一般的证明，我们的任务则是给这种不可能性以严格的证明。这是可以做到的，只要能够成功地举出两个等高等底的四面体，我们不能将它们剖分为全等的四面体，同时也不能拼补上全等的四面体使形成两个本身可以剖

① Werke，Bd. 8，s. 241 和 s. 244.

② 除了较早的文献外，参阅 Hilbert：Grundlagen der Geometrie，Leipzig，1899，Kapitel Ⅳ.

③ Gauss' Werke. Bd. 8，s. 242.

分为全等部分的四面体①。

4.直线作为两点间最短距离的问题

另一个与几何基础有关的问题是这样的:如果我们从建立欧几里得几何所必需的公理中除去平行公理,或者假设它不被满足,但保留所有其他公理,那么如所周知,我们就得到罗巴切夫斯基几何(双曲几何)。我们因此可以认为这是一种与欧几里得几何相并列的几何学。如果我们再进一步要求"一直线上的三点有并且只有一点位于其他两点之间"这样一条公理不成立,我们就得到黎曼(椭圆)几何,这种几何因此似乎又与罗巴切夫斯基几何相并列。如果我们希望对阿基米德公理进行类似的研究,那就应该认为这条公理没有被满足,由此我们达到非阿基米德几何学,这种几何曾经被维隆奈士(Veronese)和我本人研究过。现在要提出更为一般的问题:从其他启发性的观点出发,是否可以建立起有同样的权利与欧几里得几何相并列的几何学?在这里,我想请你们注意一条定理,它事实上一直被许多作者用作为直线的定义,这个定理就是:直线是两点之间的最短距离。这个命题的实质性内容可归结为欧几里得定理,即三角形中两边之和永远大于第三边——容易看出,这条定理只涉及基本的概

① 自从本文公布以后,Herr Dehn 已成功地证明了这种不可能性。参阅他的笔记:Über raumgleiche Polyeder,载于 Nachr. Ges. Wiss. Göttingen,1900,S. 345-354,以及将在 Math. Ann. 上发表的一篇论文。

念,也就是说只涉及那些可以由公理直接导出的概念,因而就更易于进行逻辑研究。欧几里得借助于以合同公理为基础的外角定理证明了这条定理。现在不难明白,欧几里得的这条定理,不能只在那些仅仅与角度和线段有关的合同公理的基础上获得证明,而必须要有三角形的合同公理。于是,我们要来寻找一种几何,在这种几何里,除了三角形合同公理外,所有通常的欧几里得几何公理特别是所有其他的合同公理都成立(或是除了"等腰三角形底角相等"定理之外的所有定理都成立),同时,在这种几何中,"三角形两边之和大于第三边"这条命题被看作为一条特殊的公理。

我们发现,这样一种几何确实存在,它不是别的,正是闵可夫斯基在其著作《数的几何》[①]中构造的并且作为他的算术研究之基础的几何学。闵可夫斯基几何因此也是一种与通常欧几里得几何相并列的几何学。它本质上为下列两条性质所刻画:

(1) 与定点 O 距离相等的点,位于通常欧氏空间中一张以 O 为中心的闭凸曲面上;

(2) 两个线段被认为是相等的,如果我们可以通过通常欧氏空间中的一个平移将一个放到另一个之上。

---

① Leipzig,1896.

在闵可夫斯基几何中平行公理也成立。通过对“直线是两点之间的最短距离”这一定理的研究，我建立了一种几何[①]，在其中平行公理不成立，而闵可夫斯基几何中所有其他的公理都被满足。直线是两点之间的最短距离这一定理以及实质上等价的、与三角形之边有关的欧几里得定理，不仅在数论而且在曲面论和变分学中起着重要作用。由于这个原因，并且因为：我相信对于该定理成立条件的深入研究将会给距离的概念以及其他的基本概念（例如平面的概念和通过直线概念来定义平面的可能性）以新的解释，所以，在我看来，这种可能的几何学的构造与系统研究是十分必要的。

5. S. 李（S. Lie）的连续变换群概念，不要定义群的函数的可微性假设

如所周知，李借助于连续变换群的概念，建立了一组几何公理，并且从他的群论观点出发，证明这组公理对于建造几何学来说是足够了。然而，恰恰是在其理论的基础部分，李假设了定义群的函数必须可微，因此在李的研究中还留下一个没有解决的问题：与作为几何公理的问题有关，可微性假设是否确实必不可少呢？它会不会就是群概念本身和其他公理的推论？这个问题，以及与算术公理有关的一些其他问题，向我们提出一个更一般的问题：如果在我们的研究中

---

① Math. Ann. Bd. 46(1895), s. 91.

不要函数可微性的假设,那么李的连续变换群概念能走多远?李将有限连续变换群定义为一变换系统:

$$x_i' = f_i(x_1, x_2, \cdots, x_n; a_1, a_2, \cdots, a_r) \quad (i = 1, 2, \cdots, n),$$

它们具有这样的性质,即从中任选两个变换,例如

$$x_i' = f_i(x_1, x_2, \cdots, x_n; a_1, a_2, \cdots, a_r),$$

$$x''_i = f_i(x_1', x_2', \cdots, x_n'; b_1, b_2, \cdots, b_r)。$$

它们相继作用所产生的变换也属于原来的系统,因而可以表成形式:

$$\begin{aligned} x_i'' &= f_i\{f_1(x, a), f_2(x, a), \cdots, f_n(x, a); b_1, b_2, \cdots, b_r\} \\ &= f_i(x_1, x_2, \cdots, x_n; c_1, c_2, \cdots, c_r), \end{aligned}$$

此处 $c_1, c_2, \cdots, c_r$ 是 $a_1, a_2, \cdots, a_r$ 和 $b_1, b_2, \cdots, b_r$ 的某些函数。这样,群的性质便由一组函数方程而得到充分的表达,它本身并没有对函数 $f_1, f_2, \cdots, f_n; c_1, c_2, \cdots, c_r$ 提出附加的限制。但李在进一步处理这些函数方程时,也就是说在推导著名的基本微分方程时,却必须假设定义群的函数的连续性和可微性。

关于连续性,这一假设目前肯定还要保留——只要我们的目的在于几何的和算术的应用。在这种应用里,问题中函数的连续性是连续公理的推论。相反,定义群的函数的可微性则包含着一种假设,这种假设,作为几何公理只能以相当生硬和复杂的方式来表述。因此就发生这样的问题:对于某一变换群,是否总能通过引进适当的新变量和新参数,使得

其定义函数成为可微；或者至少可能借某种简单的假设，使它变换为容许进行李氏方法的群。根据李所指出[①]但首先为邵尔(Schur)[②]所证明的一条定理，当群是可迁群并假设定义群的函数有一阶导数及某些二阶导数时，总可以将它化归为解析群。

对于无限群，我相信相应问题的研究也是有意义的。这样我们又被引向广阔而有趣的函数方程领域。直到目前为止，这一领域通常只在所含函数可微分的假设下被加以研究。特别是为阿贝尔[③]极其巧妙地处理过的函数方程、差分方程和数学文献中所出现的其他方程，它们并不直接涉及任何有关函数必须可微的要求。在探求变分学中某些存在性证明时，我甚至碰到过这样的问题：从一个差分方程的存在性来证明所考察的函数的可微性。于是，在所有这些场合中产生的问题是：我们在可微函数情形下得到的结论，在除去可微性假设后，经过适当修改，将在多大的程度上保持正确？需要进一步注意的是：闵可夫斯基在上面已经提到的《数的几何》一书中从函数方程

$$f(x_1+y_1,\cdots,x_n+y_n)\leqslant f(x_1,\cdots,x_n)+f(y_1,\cdots,y_n)$$

---

① Lie-Engel, Theorie der Transformationsgruppen, Bd. 3, § 82, 144. Leipzig, 1893.

② Übet den analytischen charakter der eine endliche kontinuierliche Transformationsgrupper darstellenden Funktionen, Math. Ann. Bd. 41(1893)S. 500-538.

③ Werke, Bd. 1, S. 1, 61, 389.

出发，确实成功地证明了问题中所出现的函数的某些微商的存在性。

另一方面，我想强调这样的事实，即肯定存在解析的函数方程，它们的唯一解是不可微函数。例如，可以构造一个单值、连续但不可微的函数 $\varphi(x)$，它表示两个函数方程

$$\varphi(x+\alpha)-\varphi(x)=f(x),\quad \varphi(x+\beta)-\varphi(x)=0$$

的唯一解，此处 α 和 β 是实数，$f(x)$ 则是对一切实值 x 的一个正则解析单值函数。这样的函数可以非常简单地借三角级数而得到，其方法与博雷尔为了构造某个偏微分方程的双周期非解析解所用过的相似(根据毕加最近的一个声明①)。

6.物理公理的数学处理

几何基础的研究提示了这样的问题：用同样的方法借助公理来研究那些在其中数学起重要作用的物理科学；首先是概率论和力学。关于概率论公理②，在我看来，其逻辑研究应与数学物理以及特别是气体运动论中均值方法的严格而充分的发展相结合。

在力学基础方面，物理学家所做的重要研究随手可举。

---

① Quelques théories fondamentales dans l'analyse mathématique，在 Clark 大学做的报告，Revue générale des Sciences，1900，p. 22.

② 参阅 Bohlmann：Über Versicherungsmathematik，出自文集：Klein&Riecke：Über angewandte Mathematik und Physik，Leipzig und Berlin，1900.

我要提出的是马赫(Mach)[1]、赫兹(Hertz)[2]、波尔兹曼(Boltzmann)[3]和福克曼(Volkmann)[4]的著作。因此,迫切需要数学家们也来开展对力学基础的讨论。这样,波尔兹曼关于力学原理的著作,提出了从数学上来研究由原子论观点导出连续介质运动规律的极限过程的问题,他在那里只是做了简单的陈述。相反的,我们必须试图通过一种极限过程从一组公理出发来推出刚体运动的规律,这组公理依赖于连续地充满整个空间的介质的连续变化条件,而这些条件则是由参数来确定的。所以,关于不同公理系统的等价性问题,总是具有很大的理论意义。

如果用几何学作为处理物理公理的模型,那我们首先就要试图借助于少量的公理来概括尽可能广泛的一类物理现象,然后再加进新的公理,逐渐地过渡到更特殊的理论。同时,李的分类原理也许可以从无限变换群的深刻理论导出。数学家不仅要注意那些接近于客观实在的理论,而且像在几何学中一样,也要注意一切逻辑上可能的理论。他必须精密而细致地对从所设公理推出的全部结论进行完备的考察。

更进一步,在每个场合,数学家都有责任确切地检验一

---

① Die Mechanik in ihrer Entuickelung, 2. Auflage. Leipzig, 1889.

② Die Prinzipien der Mechanik, Leipzig, 1894.

③ Vorlesungen über die Prinzipe der Mechanik, Leipzig, 1897.

④ Einführung in das Studium der theoretischen Physik, Leipzig, 1900.

下新公理是否与原来的公理相容。物理学家,随着其理论的发展,经常发现自己为实验结果所迫而要做出新的假设。关于这些新假设与已有公理的相容性,他只能依赖于这些实验,或是依赖于某种物理直觉,某种严格地从逻辑上去建立一门理论时并不容许的实践。在我看来,所要求的关于所有假设相容性的证明,同样是很重要的,因为实现这种证明的努力,必定会促使我们最有成效地对这些公理做出精确而系统的陈述。

到现在为止,我们考察的只是与数学的基础有关的问题。确实,一门科学的基础的研究总是特别富有吸引力,对基础的检验永远是研究者们最重要的问题。魏尔斯特拉斯曾经说过:“最终目标要永远牢记在心,那就是达到对基础的正确理解……,但是为了使科学有所前进,个别问题的研究是必不可少的。”事实上,为了成功地研究一门科学的基础,就必须对它的专门理论有深入的理解。只有对建筑物的目的有透彻的和细节上的了解的建筑师,才能为这座建筑奠定坚实的基础。我们现在就要转向各个数学分支的特殊问题,首先是考察算术和代数。

7. 某些数的无理性与超越性

C. 埃尔米特(C. Hermite)关于指数函数的算术定理和 F. 林德曼(F. Lindemann)对它们的推广,肯定会受到代数学家们的赞赏。这就立刻提出了这样的任务:沿着已经开辟的途径深入前进，正如 A. 赫尔维茨(A. Hurwitz)在两篇有意义的论文[①]《论某些超越函数的算术性质》中所做的那样。因此，我想概要地提出一类问题，按照我的看法，是应当马上就着手解决的。某些在分析中很重要的特殊的超越函数，对某些代数变数取代数值，这个事实在我看来是特别令人注意和值得深入研究的。的确，一般说来，我们希望超越函数即使对代数变数也将取超越值。大家已经知道，存在着一类整超越函数，它们甚至对所有代数变数都取代数值。虽然如此，我们仍然认为，有一种超越函数，例如指数函数 $e^{i\pi z}$，它对一切有理变数 z 显然取代数值，另一方面却很可能对变数 z 的无理代数值恒取超越值。我们也可以给这个命题以如下的几何形式：如果在一等腰三角形中，底角与顶角之比是代数数但非有理数，则底与腰之比恒为超越数。虽然这个命题很简单并且与埃尔米特和林德曼已解决的问题有相似之处，但我认为这个定理的证明是非常困难的。下述命题的证明也是如此：对于代数底数 α 和无理代数指数 β，表达式 α^{β}，例如数 $2^{\sqrt{2}}$ 或 $e^{\pi}=i^{-2i}$，表示一超越数或至少是一无理数。毫无疑问，这个问题以及类似问题的解决，对于探讨特殊的无理数和超越数的性质，必定会带来新的方法和新的见解。

① Math. Ann. Bd. 22(1883), S. 211-229 和 Bd. 32(1888), S. 583-588.

8. 素数问题

最近，J. 阿达马(J. Hadamard)、德拉瓦莱普桑(C.-J.-G. N. de la Vallée-Poussin)、冯·蒙戈尔特(von Mangoldt)和其他人在素数分布论方面取得了重大进展。然而，为了完全解决黎曼的论文《论小于给定数的素数个数》向我们提出的问题，还需要证明极其重要的黎曼猜想的正确性，也就是说要证明：由级数

$$\zeta(s) = 1 + \frac{1}{2^s} + \frac{1}{3^s} + \frac{1}{4^s} + \cdots$$

所定义的函数 $\zeta(s)$ 的零点，除了众所周知的负整实数外，全都具有实部 1/2。这个证明一旦获得成功，接下去的问题就是要更精确地考察黎曼的无限级数，以便估计小于一给定数的素数个数。特别是要确定：小于数 x 的素数个数与 x 的对数积分之差是否确实相当于 x 的阶数不超过 1/2 的无穷大①。更进一步，我们必须确定：在计算素数过程中注意到的素数偶然凝聚的现象，是否确实是由黎曼公式中那些依赖于函数的最初一些复零点的项所引起。

对黎曼素数公式进行彻底的讨论之后，我们或许就能够去严格地解决 C. 哥德巴赫(C. Goldbach)问题②，即是否每个

① 参阅 H. von Koch 的一篇文章，该文即将发表在 Math. Ann. Bd. 55(1902)S. 441-464.

② 参阅 P. Stäckel：Über Goldbach's empirisches Theorem, Nachr. Ges. Wiss. Göttingen 1896, S. 292-299 和 Landau：Über die zahlentheoretische Funktion $\varphi(n)$ und ihre Beziehung zum Goldbachschen Satze. Ebenda 1900, s. 177-186.

偶数都能表为两个正素数之和；并且能够进一步着手解决是否存在无限多对差为 2 的素数问题，甚至能够解决更一般的问题，即线性丢番图方程 $ax+by+c=0$（具有给定的互素整系数）是否总有素数解 x 和 y 。

然而，我认为下列问题也是颇有意义的，并且或许意义更大：把对于有理素数分布所获得的结果应用到给定数域 k 中的理想素数分布论上去——这个问题有待于属于该域并由级数

$$\zeta_k(s)=\sum\frac{1}{n(j)^s}$$

所定义的函数 $\zeta_k(s)$的研究，此处和号遍及给定域 k 中的一切理想数 j，$n(j)$表示理想 j 的模。

我还想提出三个更特殊的数论问题：一个是关于互反律的，另一个是关于丢番图方程的，第三个则来源于二次型的领域。

9.任意数域中最一般的互反律之证明

在任意数域上对 l 次幂剩余证明互反定律，此处 l 表示一奇素数，更进一步，l 是 z 的幂或一奇素数的幂。

这条定律，以及证明这定律的主要方法，我相信将会通

过适当地推广我所研究过的 l 次单位根域①和相对二次域的理论②而得到。

10. 丢番图方程可解性的判别

给定了一个有任意个未知数的、系数为有理整数的丢番图方程，试设计一种方法，根据这种方法可以通过有限步运算来判别该方程是否有有理整数解。

11. 系数为任意代数数的二次型

现在已经有的二次数域理论③使我们可以成功地攻克系数为任意代数数的具有任意个变数的二次型理论。特别地，可以引导出一个有趣的问题：给定一个系数为代数数的多变元二次方程，求属于由系数所生成的代数有理域中的整数或分数解。

下述重要的问题可以成为到代数和函数论的过渡。

12. 阿贝尔域上的克罗内克定理在任意代数有理域上的推广

克罗内克有一条定理：每一个阿贝尔数域可经有理数合

---

① Bericht der Deutschen Mathematiker-Vereinigung Über die Theorie der algebraischen Zahlkörper, 1897, Bd. 4, s. 175-546, Fünfter Teil. Abgedruckt diese Abhandlungen Bd. I Nr. 7.

② Math. Ann. Bd. 51(1899)S. 1-127 und Nachr. Ges. Wiss. Göttingen, 1898, S. 370-399.

③ Hilbert. Über den Dirichletschen biquadratischen Zahlkörper, Math. Ann. Bd. 45(1894)S. 309-340; Über die Theorie der relativ-quadratischen Zalkörper, JahresBer. der Deutschen Mathematiker-Vereinigung, 1899 S. 88-94 和 Math. Ann. Bd. 51. Über die Theorie der relativ Abelschen Körper. Nachr. Ges. Wiss. Göttingen, 1898.

成一些单位根域而得到。这个整数方程论中的基本定理包含两点陈述,即:

第一,它回答了这样的问题:具有给定次数、给定阿贝尔群和给定的对于有理数域的判别式的那些方程的数目和存在性。

第二,它指明这样的方程的根形成一个代数数域,它和在指数函数 $e^{i\pi z}$ 中依次给变元 z 以一切有理数数值得到的域相重合。

第一点陈述是和由其群及分支来决定某些代数数的问题相关的。因此,问题相当于去决定对应于给定黎曼曲面的代数函数这一熟知的问题。第二点陈述给出了用超越方法(即按指数函数 $e^{i\pi z}$)所要求的那些数。

因为虚二次数域这个域是除有理数域外最简单的,于是产生一个问题,将克罗内克定理推广到这种情形。克罗内克本人曾断言,在一个二次域上的阿贝尔方程由带奇异模的椭圆函数之变换方程给定。此处,椭圆函数起的作用,可想象成上述情况下指数函数所起的同样的作用。克罗内克猜想的证明至今没有给出。但是,我相信它是一定能得到的,根据 H. 韦伯①(H. Weber)发展起来的复乘法理论,并借助我建

① Elliptische Funktionen und algebraische Zahlen. Braunschweig,1891.

立的关于类域的纯算术定理,做到它不会有太大的困难。

最后,我以为最重要的是把克罗内克定理推广到这种情形,即用任意的代数域(只要是被当作有理的领域建造的)来代替有理数域或虚二次域。此问题从许多立足点出发都会碰到。它的算术方面,我认为最重要的关键是任意给定数域中 l 次幂剩余的一般互反律。

至于问题的函数论方面,凡在这个有吸引力的领域工作的研究者,将会从单变量代数函数理论和代数数理论之间的明显类比中获得指导。K. 亨泽尔[①](K. Hensel)针对代数函数的幂级数展开,提出并研究了在代数数理论中的模拟;兰兹贝格[②](Landsberg)讨论了黎曼-罗赫定理(Riemann-Roch theorem)的模拟。黎曼曲面的亏格和数域的类数之间的类比也是明显的。考虑亏格 $p=1$ 的黎曼曲面(仅触及最简单的情形),另一方面考虑类 $h=2$ 的数域。那么,该黎曼面上存在一个处处有限的积分之证明,相应于在该数域中存在一个整数 α,使得数 $\sqrt{\alpha}$ 代表一个二次域且对于基域是相对不分歧之证明。众所周知,代数函数论中的边界值法(Randwerthaufgabe)用于证明黎曼存在性定理。在数域论中,证明恰

---

① Jber. dtsch. Math-Ver,Bd. 6(1899)S. 83-88 上的文章:"Über eine ueue Begründung der Theorie de algebraischen Zahlen".

② Math. Ann. Bd. 50(1898)S. 333-380,577-582.

好存在这样的数 α 同样是最困难的。该证明得以成立必须要借助下述定理:在数域中,对应给定的剩余性质有相应的素理想存在。因此,后一事实是边界值问题在数论中的模拟。

大家熟知,代数函数论中阿贝尔定理的方程表示一个充分必要条件:所考虑的黎曼面上的那些点是属于该曲面的一个代数函数的零点。阿贝尔定理在类 $h=2$ 的数域论中的精确模拟是二次互反律方程①

$$\frac{\alpha}{j}=+1$$

它断言理想 j 是该数域的主理想当且仅当数 α 关于理想 j 的二次剩余是正的。

我们将会看到,刚才描述的问题中,数学的三个基本分支:数论、代数和函数论互相得到最密切的接触。而且我确信,假如能成功地找到并讨论那些函数,它们在任意代数数域中起的作用,就如同指数函数在有理数域及椭圆模函数在虚二次数域中所起的作用一样,那么多变数的解析函数理论将会有引人注目的发展。

进入代数方面,我要提一个来自方程论的问题和一个我从代数不变量理论中引出的问题。

---

① 参看希尔伯特的 Ueber die Theorie der relativ Abelschen Zahlkörper, Gött. Nachrichten, 1898.

13.不可能用仅有两个变数的函数解一般七次方程

诺模图①处理这样的问题：画若干依赖于一个任意参数的曲线族，用它来解方程。立即可以看出，系数仅依赖于两个参数(即系数为任意有两个独立变量的函数)的方程，按照作诺模图的原理，它所有的根能够用多种方式表出。进而一大类有三个或更多变量的函数，显然也可单独依此原理表出而无须利用可变元。这是指所有那样的函数，首先可以构造一个两变元函数将其生成，其中每一变元又等于一个具有两个变元的函数，然后又可依次用两变元函数来替代每个变元。这里允许插入任意有限个两变元函数。例如，每一个具有任意个变元的有理函数都属于可由诺模图表构造的这个函数类，因为它可以经加、减、乘、除运算生成，而每一运算只产生仅有两变元的函数。很容易看出，在通常的有理域中，所有根式可解之方程的根属于这类函数，因为这里的求根法仅和四种算术运算相联系。实际上，它只是一个变量的函数。同样，一般的五次方程和六次方程也可按适当的诺模图表来解，因为根据效切恩霍森(Tschirnhausen)变换(它只需要用开方法)，它们能化简成一种系数仅依赖于两个变数的形式。

七次方程的情形也许是这样的：它的根是其系数的函

① M d'Ocagne, Traité de Nomographie, Paris, 1899.

数，但不属于用诺模图构造的这类函数，即它不能由有限次插入两变元函数来构成。为了证明这一点，大概必须证明七次方程 $f^7+xf^3+yf^2+zf+1=0$ 不能借助于仅含两变元的任意连续函数解出。请允许我说明我已经严格证明了存在三变元 x 、y 、z 的解析函数，它不能经由有限个仅含两变元的函数得到。

利用辅助的可移动的元素，诺模图法成功地构造了多于两变元的函数，杜甘(d'Ocagne)最近就对七次方程的一种情形得到了证明①。

14. 证明某类完全函数系的有限性

在代数不变量理论中，我认为关于形式之完全系的有限性问题应受到特别的重视。最近，L. 莫勒②(L. Maurer)已经成功地把由果尔当(P. Gordon)和我证明的不变量理论中的有限性定理推广到这样一种情形：即选用任意子群来代替一般射影群作为定义不变量的基础。

在这个方向上赫尔维茨③已迈出了重要的一步，他用一

① Sur la résolution nomographique de l'équation du septième degré, Comptes readus, Paris, 1900.

② 参看 Sitzungsber. d. K. Acad. d. Wiss zu München, 1899，和一篇将登在 Math. Annalen 上的文章。

③ Über die Erzeugung der Invarianten durch Integration, Nachrichten d. K. Gesellschaft d. Wiss. zu Göttingen, 1897.

种巧妙的方法，最一般化地证明了任意基本形式的正交不变量系之有限性。

研究不变量之有限性的课题把我引向一个简单的问题，原课题是它的特殊情形，而它的解决大概需要更加精细地去研究消元法理论和克罗内克的代数模系。

设给定 m 个具有 n 个变量 $x_1,x_2,\cdots,x_n$ 的有理整函数 $X_1,X_2,\cdots,X_m$：

$$\text{(S)} \qquad \begin{aligned} X_1&=f_1(x_1,x_2,\cdots,x_n),\\ X_2&=f_2(x_1,x_2,\cdots,x_n),\\ &\vdots\\ X_m&=f_m(x_1,x_2,\cdots,x_n)。\end{aligned}$$

每一个 $X_1,X_2,\cdots,X_m$ 的有理整组合，用上面的表示式代入后显然总是 $x_1,x_2,\cdots,x_n$ 的有理整函数。这里可能有 $X_1,X_2,\cdots,X_m$ 的有理分式函数，经置换(S)的运算后，它化为 $x_1,x_2,\cdots,x_n$ 的整函数。每一个 $X_1,X_2,\cdots,X_m$ 的有理函数，若经置换(S)后化为 $x_1,x_2,\cdots,x_n$ 的整函数，我提议称它是 $X_1,X_2,\cdots,X_m$ 的相对整函数。明显地，所有 $X_1,X_2,\cdots,X_m$ 的整函数也是它的相对整函数；相对整函数的和、差及积也皆为相对整函数。

现在问题归结为：是否总是可能找到 $X_1,X_2,\cdots,X_m$ 的相对整函数之有限系，使 $X_1,X_2,\cdots,X_m$ 的所有其他的相对整函数都可以由它有理且整地表出。如果我们引进有限整性域的概念，就能把问题讲得更简单。所谓有限整性域，我是指一个函数系，从中能够选出有限个函数，该系中所有其他函数都可由它们有理且整地表出。于是，我们的问题相当于：证明任给有理性域上所有相对整函数总是构成一个有限整性域。对我们来说，很自然地会按数论中的限制来精密化地提出这个问题，即假定所给函数 $f_1, f_2, \cdots, f_m$ 的系数是整数，在 $X_1, X_2, \cdots, X_m$ 的相对整函数中仅包括这样一些 $X_1, X_2, \cdots, X_m$ 的有理函数，它们经置换(S)后化为 $x_1, x_2, \cdots, x_n$ 的带有有理整系数的有理整函数。

下面是问题经精炼后的一种简单的特殊情形：设 $X_1, X_2, \cdots, X_m$ 是变量 x 的带有有理整系数的有理整函数，p 是一个素数。考虑如下形式的有理整函数系

$$\frac{G(X_1, X_2, \cdots, X_m)}{p^h},$$

其中 G 是变元 $X_1, X_2, \cdots, X_m$ 的有理整函数，p^h 是素数 p 的任意次幂。我较早的研究论文①直接证明了：对固定的指数 h，所有这样的表示式形成一个有限整性域。但问题在于对所有的指数 h，结论是否成立，亦即是否可以选择有限个这样的表示式，使得对每一个指数 h，所有这种形式的表示式

① Math. Ann. 1890, Bd. 36, S. 485.

都可以由它们有理且整地表出。

在代数和几何之间的边缘部分，我提两个问题。一个是关于计数几何的，另一个是关于代数曲线和曲面的拓扑的。

15. 叔伯特计数演算的严格基础

问题是这样的：H. C. H. 叔伯特[①](H. C. H. Schubert)曾以所谓特殊位置原理或数的守恒原理为基础，按照由他发展起来的计数演算法来决定一些几何数，现在要严格地确定这些数并准确地确定它们有效的范围。虽然现代的代数在原则上保证了进行消元法的可能性，但证明计数几何的这条定理反而显得更有必要，换言之，在对特殊形式的方程具体进行消元法时，用计数演算也许可以事先知道最后方程的阶和它们的解的重数。

16. 代数曲线和曲面的拓扑

n 阶平面代数曲线所具有的闭且孤立之分支的最大数目已由 C. G. A. 哈纳克(C. G. A. Harnack)所确定[②]。进而提出下一步的问题：这些分支在平面上的相对位置。关于六次曲线，我用复杂的方法得出一个自己确信无疑的结果，即按照哈纳克定理所给出的11条分支，绝不是两两互不包含的。其中必存在一条分支，它的内部有一条而外部有九条分支，或

① Kalkül der abzählenden Geometrie, Leipzig, 1879.

② Math. Ann. Bd. 10(1876)S. 189-199.

者相反。我认为，在孤立分支达到最大的情况下，彻底研究它们的相对位置是非常重要的，同样重要的是相应地研究空间代数曲面的叶的数目、型和位置。可是到目前为止，甚至三维空间中四阶曲面所具有的叶之最大数目也仍是个谜[①]。

跟这个纯粹代数问题相关联的，我想提出另一个问题，我认为它也许可以用连续地改变系数的方法去攻克。答案应该给出一个值，它是对应于微分方程所定义之曲线族的拓扑的。这就是求如下一阶一次微分方程的庞加莱边界环（极限环）的最大数目和位置：

$$\frac{\mathrm{d}y}{\mathrm{d}x}=\frac{Y}{X}$$

其中 X、Y 是 x、y 的 n 次有理整函数 。写成齐次形式为：

$$X\left(y\frac{\mathrm{d}z}{\mathrm{d}t}-z\frac{\mathrm{d}y}{\mathrm{d}t}\right)+Y\left(z\frac{\mathrm{d}x}{\mathrm{d}t}-x\frac{\mathrm{d}z}{\mathrm{d}t}\right)+Z\left(x\frac{\mathrm{d}y}{\mathrm{d}t}-y\frac{\mathrm{d}x}{\mathrm{d}t}\right)=0$$

其中 X、Y 和 Z 是 x,y,z 的 n 次齐次有理整函数，而 x,y,z 是作为参数 t 的函数被确定的。

17. 正定形式的平方表示式

带有实系数的任意个变数的有理整函数或形式称做是正定的，若变数取任意实值时它都不能变为负的。所有正定形式所成的系对加法和乘法运算是不变的，而两个正定形式的

① 参看 Rohn，Flächen vierter Ordnung Preisschriften der Fürstlich Jablonowskischen Gesellschaft，Leipzig，1886.

商——此时它应是那些变数的整函数——也是一个正定形式。但是因为(如我所证明的)[①]不是所有的正定形式都能由形式的平方经加法合成的,所以就产生了这样的问题——我已对三元形式的情形作了肯定的回答[②]——是否不能把所有的正定形式都表成形式的平方和之商。同时,对某些牵涉几何作图的可能性问题,又希望知道在表示式中用到的形式之系数是否可能总是取自被表形式之系数所生成的有理域[③]。

我来提一个几何性质更强的问题:

18. 由全等多面体构造空间

若寻求在平面上存在有基本区域的运动群,我们会得到许多种回答,这要依据所考虑的平面是黎曼(椭圆)的、欧几里得的或是罗巴切夫斯基(双曲)的而定。在椭圆平面的情况,这里有有限个本质上是不同类的基本区域。为了完全覆盖全平面,有限个全等区域就够了;而群也确实仅由有限个运动组成。在双曲平面的情形,这儿有无限个本质上是不同类的基本区域,即著名的庞加莱多边形。但为了完全覆盖平面,必须要无穷多个全等区域。欧几里得平面的情形介于两者之间。因为此时仅有有限个本质上不同类的运动群及基

---

① Math. Ann. Bd. 32.

② Acta Mathematica, Vol. 17.

③ 参看希尔伯特的 Grundlagen der Geometrie, Leipzig, 1899, Kap. 7, 特别是 § 38.

本区域,而为了完全覆盖全平面却需要无穷多个全等区域。

在三维空间中,相应的事实都可以找到。在椭圆空间,运动群的有限性是 C. 若尔当(C. Jordan)基本定理的直接推论[①],该定理说:本质上不同类的 n 变数的线性置换的有限群个数不超过某个依赖于 n 的有限的界限。双曲空间中,有基本区域的运动群被弗留克(Fricke)和克莱因在一些关于自守函数理论的讲义中探讨过[②]。最后,菲得罗夫(Fedorov)[③]、斯可弗莱斯(Schoenflies)[④]和稍晚的罗恩(Rohn)[⑤]给出了证明;在欧几里得空间,仅有有限个本质上不同类的带有基本区域的运动群。现在,适合于椭圆和双曲空间的结果和方法对 n 维空间也同样成立,可是对欧几里得空间的定理之推广出现了明显的困难。因此,希望研究下述问题:在 n 维欧几里得空间中是仅有有限个本质上不同类的带有基本区域的运动群吗?每一个运动群的基本区域和由群产生的全等区域一起,显然完全充满空间。问题是:是否也存在这样的多面体,它不是作为运动群的基本区域而出现,但经由它的全等多面体适当地毗连,仍然可能完全充满整个空间。和前述问题有关的,我要指出下面一个问题,它对数论是重要的,对物

① Crelle's J. de Math. ,Vol. 84(1878),以及 Attid. Reale Acad. di Napoli 1880.

② Leipzig,1897. 特别地参看 Abschnitt Ⅰ,Kap. 2,3.

③ Symmetrie der regelmässigen Systeme von Figuren. 1890.

④ Krystallsysteme und Krystallstruktur. Leipzig 1891.

⑤ Math. Ann. Bd. 53(1900)S. 440-449.

理和化学有时也许有用：怎样能够把无限个相等的给定型式之立体，如给定半径的球，或给定边长(或给定位置)的正四面体，在空间中给以最紧密的排列。也就是说，怎样才能够把它们配置得更合适，使空间中被它们填满的部分和未被填到的部分之比尽可能地大？

假如我们统观上个世纪函数论的发展，首先会注意到有一类函数所处的地位特别重要，现在我们把这类函数定名为解析函数。它也许将持久地成为数学研究的中心。

根据很多不同的观点，我们大概可以从所有想象得到的全部函数中，选择出涉及范围很广的一些函数类，它们值得加以特别彻底地研究。例如，考虑由常或偏的代数微分方程所描述的函数类。但应注意，这类函数不包含数论中出现的有最重要研究价值的函数。像前面提到过的函数 $\zeta(s)$ 就不满足代数微分方程，同样，如果你参看一下 O. L. 赫尔德(O. L. Hölder)证明的定理①，借助 $\zeta(s)$ 和 $\zeta(1-s)$ 之间的著名关系，很容易看出函数 $\Gamma(x)$ 也不满足代数微分方程。还有，由无穷级数定义的两个变量 s 和 x 的函数

$$\zeta(s,x)=x+\frac{x^2}{2^s}+\frac{x^3}{3^s}+\frac{x^4}{4^s}+\cdots,$$

它跟函数 $\zeta(s)$ 有密切的关系，大概仍不满足代数偏微分方

① Math. Ann. Bd. 28(1896)S. 1-13.

程。在研究此问题时，将必须用到函数方程

$$x\frac{\partial\zeta(s,x)}{\partial x}=\zeta(s-1,x)。$$

此外，倘若从算术或几何的角度转而考虑所有连续且无穷可微之函数的类，我们在研究它时又不得不舍弃得心应手的工具——幂级数——和这样一个结论，即只要在任意的无论怎样小的区域中给函数以指定的值，那么函数就被完全确定了。所以，前段提到的函数领域的界限太窄了，而这段所说的我认为又太宽了。

另一方面，解析函数的概念蕴含了科学上最重要的函数的全部财富，这些函数有的发端于数论、微分方程或代数函数方程论，有的产生于几何或数学物理；因此，在整个函数的王国中，解析函数合理地保持着那无可争议的皇位。

19. 正则变分问题的解是否一定解析

我认为，在解析函数论基础方面，最值得注意的事实是：存在着这样的偏微分方程，它们的所有积分必为独立变元的解析函数，简而言之，就是存在着除解析解外没有其他解的微分方程。这类偏微分方程中最著名的就是位势方程

$$\frac{\partial^2 f}{\partial x^2}+\frac{\partial^2 f}{\partial y^2}=0$$

以及毕加[1]所研究过的某些线性微分方程；还有方程

---

① Jour. de l'Ecole Polytech. 1890.

$$\frac{\partial^2 f}{\partial x^2}+\frac{\partial^2 f}{\partial y^2}=e^f$$

极小曲面的偏微分方程和其他的方程。这些偏微分方程大多数都有一个共同的特性，即它们都是某类变分问题也就是下述变分问题的拉格朗日微分方程：

$$\iint F(p,q,z;x,y)\mathrm{d}x\mathrm{d}y=$$

$$\text{minimum}\left[p=\frac{\partial z}{\partial x},q=\frac{\partial z}{\partial y}\right],$$

F 本身是一解析函数，对于所讨论的范围内变量的一切值，满足不等式

$$\frac{\partial^2 F}{\partial p^2}\cdot\frac{\partial^2 F}{\partial q^2}-\left(\frac{\partial^2 F}{\partial p\partial q}\right)^2>0,$$

我们称这类问题为正则变分问题。在几何学、力学和数学物理中起作用的，主要就是正则的变分问题。很自然会提出这样的问题：正则变分问题的一切解是否一定是解析函数。换句话说，是否每个正则变分问题的拉格朗日偏微分方程都有这样的性质：它们只容许有解析积分？并且甚至当函数受到限制，例如像在位势函数的狄里希莱问题中那样取连续的但非解析的边界值时，情形是否仍是这样呢？

我要补充的是：存在着负常数高斯曲率曲面，它们由连续的、确实具有各阶导数但却仍然非解析的函数所表示；相反的，很可能每个正常数高斯曲率曲面必定是解析曲面。而

我们知道正常数高斯曲率曲面与下述变分问题关系最为密切：通过空间中一闭曲线作一曲面，它与通过同一闭曲线的定曲面所包围的体积是给定数而面积最小。

20. 一般边值问题

与前述问题密切相关的一个重要问题，是关于在区域的边界上给定函数值时偏微分方程解的存在性问题。这个问题大体上已为 H. A. 施瓦茨（H. A. Schwarz）、冯・诺依曼（J. von Neumann）和庞加莱对于位势微分方程的强有力的方法所解决。但是，这些方法一般并不能直接推广到沿边界给出微商值或是给出微商与函数值之间的某种关系的情形。它们也不能直接推广到这种情形，即要求的不是位势曲面，而是比方说极小曲面，或经过一给定的空间曲线或是张开在一给定环面上的正常数高斯曲率曲面。我相信，这些存在性定理将有可能借助于一个一般的原理来得到证明，这个原理的实质已由狄里希莱原理所指出。这个一般的原理也许还能使我们解决这样的问题：每个正则变分问题是否总有一个解，假定所给边界条件满足某些假设（例如在这些边界条件中有关的函数连续并有分段的一阶或高阶微商），并且如果必要的话，假定解的概念可适当地被加以推广？①

① 参阅我的论狄里希莱原理的讲义，载于 Jahresber. d. Deutschen Math.-Vereinigung，Ⅷ (1900) S. 184.

21. 具有给定单值群的线性微分方程的存在性

在一个独立变元 z 的线性微分方程理论方面，我想指出一个重要的问题，一个很可能黎曼本人曾经考虑过的问题。这个问题如下：证明一定存在一个福克斯类型的线性微分方程，具有给定的奇点和单值群。该问题要求生成变元 z 的 n 个函数，除去给定的奇点外，它们在整个复 z 平面上正则；在这些奇点处函数可以变为无穷但阶数有限，并且当 z 围绕着这些点描画环路时，函数将经受给定的线性代换。通过常数计算，表明这样的微分方程可能存在，但至今还只是对特殊情形得到严格的证明，在这种情形里，给定代换的基本方程的根绝对值皆为 1。L. 许莱辛格(L. Schlesinger)在庞加莱的福克斯 ζ-函数理论的基础上给出了这一证明①。如此处所提问题能用某种一般方法处理，线性微分方程理论显然将越臻完美。

22. 通过自守函数使解析关系单值化

正如庞加莱最先要证明的那样，总可以用一个变量的自守函数使两个变量之间的任一代数关系单值化。这就是说，如果给定了两个变量的任一代数方程，对于这些变量总可以找到两个单变量的单值自守函数，它们的代入使给定的代数方程化为恒等式。将这一基本的定理推广到两个变量间任一解析

① Handbuch der Theorie der linearen Differentialgleichungen, Bd. 2, Teil 2, Nr. 366.

的、非代数的关系，庞加莱对此同样也作过成功的尝试①。虽然使用的方法与他在上述特殊问题中所用过的完全不同，但是，通过庞加莱关于两个变量间任一解析关系单值化可能性的证明，还不清楚是否能够确定解出的函数，使其满足某些附加条件。也就是说，我们还不清楚，是否能够这样来选择新变量的两个单值函数，使当该变量遍历这些函数的正则区域时，已给解析区域②中的一切正则点都能被达到和表示出来。相反，由庞加莱的研究，似乎会是这样的情形，即在分支点附近存在着某些其他的、一般说来是无限多个离散的解析区域的例外点，它们只有当新变量趋近于函数的某些极限点时才能被达到。鉴于庞加莱所系统叙述的问题的基本重要性，我认为阐明并克服这一困难是极为必要的。与这个问题一起，提出了将三个或更多个复变量之间的代数关系或任何其他解析关系单值化的问题——这个问题已经知道在许多特殊情形是可解的。关于这个问题的解决，最近毕加对两个变量代数函数的研究应该说是值得欢迎的、重要的初步探讨。

23. 变分法的进一步发展

到现在为止，我已经广泛地涉及了尽可能是确定的和特殊的问题，这样做是基于如下的看法：正是这些确定的和特殊的问题，对我们最有吸引力，并且常常会对科学产生深远的影响。

---

① Bull. de la Soc. Math. de France, XI (1883) pp. 112-125.

② 希尔伯特此处所用术语“解析区域”是指现在所谓的解析图像。——中译注

虽然如此,我还是想用一个一般的问题来做结束,也就是说,我想简单地介绍一下在本演讲中已经反复提到过的一个数学分支——这个分支,尽管最近由于魏尔斯特拉斯的工作而取得巨大的进展,却并没有受到我认为是应有的评价——我指的是变分法①。对这一数学分支之所以缺乏兴趣,一部分原因也许是在于对严格的现代教科书的追求。因此,克内索(Kneser)在新近出版的一本著作中从现代的观点来处理变分法,并且考虑到现代的严格性要求②,这就尤其值得赞扬了。

按照最广义的理解,变分法就是函数变分的理论,因此它是作为微积分的必要的扩充而出现的。从这个意义上说,比如庞加莱关于三体问题的研究,就构成变分法的一章,因为庞加莱借助于变分原理从已知轨道推导出具有类似特性的新轨道。

对本演讲开始时关于变分法所作的一般评论,我在这里要补充一点简单的说明。

大家知道,变分法本身最简单的问题是寻求一个变元 x

---

① 教科书:Moigno-Lindelöf,Leçons du calcul des variations,Paris,1861,和 A. Kneser:Lehrbuch der Variations-rechnung,Braunschweig,1900.

② 作为这本著作的内容提要,此处可以注意:对于最简单的问题,克内索甚至对一个积分限为变量的情形导出了极值的充分条件,他并且采用了适合该问题微分方程的曲线族之包络,来证明雅可比极值条件的必要性。此外必须注意:克内索还应用魏尔斯特拉斯理论来寻求通过微分方程定义的这样一些量的极值。

的函数 y,使得定积分:

$$J=\int_a^b F(y_x,y;x)\mathrm{d}x,\quad y_x=\frac{\mathrm{d}y}{\mathrm{d}x}$$

与 y 被 x 的其他函数替换时所取的值相比达到极小值。在通常意义下一阶变分的消失 $\delta J=0$ 给出了关于所求函数 y 的著名的微分方程:

$$(1)\quad \frac{\mathrm{d}F_{y_x}}{\mathrm{d}x}-F_y=0\quad\left[F_{y_x}=\frac{\partial F}{\partial y_x},F_y=\frac{\partial F}{\partial y}\right]。$$

为了更精密地研究出现所求极小值的充分必要条件,我们来考察积分

$$J^*=\int_a^b\{F+(y_x-p)F_p\}\mathrm{d}x$$

$$\left[F=F(p,y;x),F_p=\frac{\partial F(p,y;x)}{\partial p}\right]。$$

现在我们问:应该怎样选择 x、y 的函数 p 以使积分 J^* 的值不依赖于积分路径,即不依赖于变元 x 的函数 y 的选择。积分 J^* 有形式:

$$J^*=\int_a^b\{Ay_x-B\}\mathrm{d}x,$$

此处 A 和 B 不包含 y_x,在新问题所要求的意义下,一阶变分的消失 $\delta J^*=0$ 给出了方程

$$\frac{\partial A}{\partial x}+\frac{\partial B}{\partial y}=0,$$

也就是说,我们得到了关于两个变元 x,y 的函数 p 的一阶偏微分方程

$$(1^*) \qquad \frac{\partial F_p}{\partial x}+\frac{\partial(pF_p-F)}{\partial y}=0。$$

二阶常微分方程(1)和偏微分方程(1^*)有着极为密切的关系。通过以下简单的变换,我们可以立刻清楚地看出这种关系:

$$\begin{aligned}\delta J^* &=\int_a^b\{F_y\delta y+F_p\delta p+(\delta y_x-\delta p)F_p+(y_x-p)\delta F_p\}\mathrm{d}x\\&=\int_a^b\{F_y\delta y+\delta y_xF_p+(y_x-p)\delta F_p\}\mathrm{d}x\\&=\delta J+\int_a^b(y_x-p)\delta F_p\mathrm{d}x。\end{aligned}$$

就是说,我们由此可推出以下事实:如果我们构造了二阶常微分方程(1)的任一单(参数)积分曲线簇,然后形成一个一阶常微分方程

$$(2) \qquad y_x=p(x,y),$$

它也以这些积分曲线为其解,那么函数 $p(x,y)$ 一定是一阶偏微分方程(1^*)的一个积分;反之,如果 $p(x,y)$ 表示一阶偏微分方程(1^*)的任一解,则一阶常微分方程(2)的所有非奇异积分同时也是二阶微分方程(1)的积分,或者简单地说,如果 $y_x=p(x,y)$ 是二阶微分方程(1)的一个一阶微分方程,则 $p(x,y)$ 就表示偏微分方程(1^*)的一个积分并且反之亦然;因而二阶常微分方程的积分曲线同时也就是一阶偏微分方程(1^*)的特征。

在上述情形,我们可以通过简单的计算而得到同样的结果。此种计算给问题中的微分方程(1)和(1*)以形式

$$(1)\qquad y_{xx}F_{y_xy_x}+y_xF_{y_xy}+F_{y_xx}-F_y=0,$$

$$(1^*)\quad (p_x+pp_y)F_{pp}+pF_{py}+F_{px}-F_y=0,$$

这里的下标表示对于 x、y、p、y_x 的偏导数。由此,已经确定的关系的正确性就看得很清楚。

前面所推导而方才被证明的二阶常微分方程(1)和一阶偏微分方程(1*)之间的密切关系,我认为对于变分法具有基本的意义。因为,由积分 J^* 不依赖于积分路径这一事实,可以得到

$$(3)\int_a^b\{F(p)+(y_x-p)F_p(p)\}\mathrm{d}x=\int_a^b F(\overline{y}_x)\mathrm{d}x。$$

假定我们把左边的积分看作沿任一路径 y 进行,而右边的积分则是沿着微分方程

$$\overline{y}_x=p(x,\overline{y})$$

的积分曲线而进行。借助于方程(3),我们便得到魏尔斯特拉斯公式

$$(4)\int_a^b F(y_x)\mathrm{d}x-\int_a^b F(\overline{y}_x)\mathrm{d}x=\int_a^b E(y_x,p)\mathrm{d}x,$$

此处 E 表示魏尔斯特拉斯表达式,它依赖于 y_x,p,y,x:

$$E(y_x, p) = F(y_x) - F(p) - (y_x - p)F_p(p)。$$

所以，由于问题的解只依赖于求出积分 $p(x,y)$，它在我们正在考察的积分曲线 $\overline{y}$ 的某个邻域内是单值的和连续的，故上述的研究立即引导到——不必引进二阶变分而只需对微分方程(1)应用配极过程——雅可比条件的表达式，并且能对下述问题给出回答：在怎样的程度上，这个雅可比条件与魏尔斯特拉斯条件 $E > 0$一起，成为出现极小值的充分必要条件？

上述研究无须更多的计算就可以过渡到两个或更多个未知函数的情形，并且还可以过渡到重积分或多重积分的情形。这样，例如给定区域 ω 上的重积分

$$J = \int F(z_x, z_y, z; x, y)\mathrm{d}\omega, \quad \left[z_x = \frac{\partial z}{\partial x}, z_y = \frac{\partial z}{\partial y}\right],$$

在这种情形里一阶变分的消失（按照通常的意义理解）$\delta J = 0$ 给出了熟知的关于 x 和 y 的函数 z 的二阶微分方程

$$(\text{I}) \qquad \frac{\mathrm{d}F_{z_x}}{\mathrm{d}x} + \frac{\mathrm{d}F_{z_y}}{\mathrm{d}y} - F_z = 0,$$

$$\left[F_{z_x} = \frac{\partial F}{\partial z_x}, F_{z_y} = \frac{\partial F}{\partial z_y}, F_z = \frac{\partial F}{\partial z}\right]。$$

另一方面，我们考察积分

$$J^* = \int \{F + (z_x - p)F_p + (z_y - q)F_q\}\mathrm{d}\omega$$

$$\left[F = F(p, q, z; x, y), F_p = \frac{\partial F(p, q, z; x, y)}{\partial p},\right.$$

$$F_q = \frac{\partial F(p,q,z;x,y)}{\partial q}\Big],$$

并且问:如何选取 x,y,z 的函数 p 与 q,使该积分值不依赖于通过给定闭空间曲线的曲面的选择,即不依赖于变元 x 与 y 的函数 z 的选择。

积分 J^* 有形式

$$J^* = \int\{Az_x + Bz_y - C\}\mathrm{d}\omega,$$

并且,在问题的新提法所要求的意义下,一阶变分的消失 $\delta J^* = 0$ 给出了方程

$$\frac{\partial A}{\partial x} + \frac{\partial B}{\partial y} + \frac{\partial C}{\partial z} = 0,$$

也就是说,我们得出了关于三个变元 x,y,z 的函数 p 与 q 的一阶微分方程

$$(\mathrm{I}^*)\quad \frac{\partial F_p}{\partial x} + \frac{\partial F_q}{\partial y} + \frac{\partial(pF_p + qF_q - F)}{\partial z} = 0。$$

如果我们再加上由方程

$$(\mathrm{II})\quad z_x = p(x,y,z),\qquad z_y = q(x,y,z)$$

得到的偏微分方程

$$(\mathrm{I}^{**})\qquad p_y + qp_x = q_x + pq_z,$$

那么关于两个变元 x,y 的函数 z 的偏微分方程(Ⅰ)与关于三个变元 x,y,z 的函数 p 和 q 的两个一阶偏微分方程(Ⅰ*)

和(Ⅰ**)的联立组之间的相互关系,恰好类似于在单积分情形中微分方程(1)和(1*)所有的关系。

由积分 J^* 不依赖于积分曲面 z 的选择这一事实,可以得到

$$(\text{Ⅲ})\quad \int\{F(p,q)+(z_x-p)F_p(p,q)+(z_y-q)F_q(p,q)\}\mathrm{d}\omega = \int F(\bar{z}_x,\bar{z}_y)\mathrm{d}\omega,$$

假定我们把右边的积分看作沿偏微分方程

$$\bar{z}_x = p(x,y,\bar{z}),\qquad \bar{z}_y = q(x,y,\bar{z})$$

的积分曲面 $\bar{z}$ 进行的;并且,借助于这一公式我们立刻又可得到公式

$$(\text{Ⅳ})\int F(z_x,z_y)\mathrm{d}\omega-\int F(\bar{z}_x,\bar{z}_y)\mathrm{d}\omega=\int E(z_x,z_y,p,q)\mathrm{d}\omega,$$

$$[E(z_x,z_y,p,q) = F(z_x,z_y) - F(p,q) - (z_x - p)F_p(p,q) - (z_y - q)F_q(p,q)]。$$

这个公式对于重积分变分法所起的作用,与前面给出的单积分情形的公式(4)相同。借助于这个公式,现在我们就能回答这样的问题:在怎样的程度上,雅可比条件与魏尔斯特拉斯条件一起,成为出现极小值的充分必要条件。

与这些发展有关,克内索从其他观点出发①,以经过修正的形式提出了魏尔斯特拉斯理论。魏尔斯特拉斯利用经过一定点的方程(1)的积分曲线来导出极值的充分条件,而克内索却使用这种曲线的一个单参数族,并且对于每个这样的族构造出被看作为雅可比-哈密顿方程之推广的偏微分方程的一个解,这个解对于该曲线族来说是一个特征。

以上提出的问题,只不过是一些例子,但它们已经充分显示出今日的数学科学是何等丰富多彩,何等范围广阔!我们面临着这样的问题:数学会不会遭到像其他有些科学那样的厄运,被分割成许多孤立的分支,它们的代表人物很难互相理解,它们的关系变得更松懈了?我不相信会有这样的情况,也不希望有这样的情况。我认为,数学科学是一个不可分割的有机整体,它的生命力正是在于各个部分之间的联系。尽管数学知识千差万别,但我们仍然清楚地意识到:在作为整体的数学中,使用着相同的逻辑工具,存在着概念的亲缘关系。同时,在它的不同部分之间,也有大量相似之处。我们还注意到,数学理论越是向前发展,它的结构就变得越协调一致。并且,这门科学一向相互隔绝的分支之间也会显露出原先意想不到的关系。因此,随着数学的发展,它的有机的特性不会丧失,只会更清楚地呈现出来。

---

① 参阅前面提到的他的教科书,§14,§15,§19,§20.

然而，我们不禁要问：随着数学知识的不断扩展，单个的研究者想要了解这些知识的所有部门岂不是变得不可能了吗？为了回答这个问题，我想指出，数学中每一步真正的进展都与更有力的工具和更简单的方法的发现密切联系着，这些工具和方法同时会有助于理解已有的理论并把陈旧的、复杂的东西抛到一边。数学科学发展的这种特点是根深蒂固的。因此，对于个别的数学工作者来说，只要掌握了这些有力的工具和简单的方法，他就有可能在数学的各个分支中比其他科学更容易地找到前进的道路。

数学的有机统一，是这门科学固有的特点，因为它是一切精确自然科学知识的基础。为了圆满实现这个崇高的目标，让新世纪给这门科学带来天才的大师和无数热诚的信徒吧！

译后小记

在 20 世纪头一年，德国著名数学家希尔伯特在巴黎国际数学家大会上做了这篇题为《数学问题》的讲演。这篇演说对 20 世纪数学的发展产生了深刻的影响。

希尔伯特在演说的前言和结束语中，对各类数学问题的意义、源泉以及研究方法发表了许多精辟的见解，反映了他在认识论和方法论方面的观点；在演说中，他提出了 23 个数学问题。希尔伯特根据过去（特别是 19 世纪）数学研究的成果和发展趋势，企图抓住当时数学研究领域中最活跃、最关键、最有影响的课题。近 80 年来的实践证明，这 23 个问题涉及了现代数学许多重要的领域，引起了数学界持久的关注。关于这些问题研究的历史，解决的程度和当前的研究动向，感兴趣的读者可参阅 *Proceedings of Symposis in pure mathematics*（1976 年第 28 卷）。这里，我们特地将 80 年来这 23 个问题的研究情况列成简表作为附录，以供参考。应该指出，20 世纪数学的发展，开辟了许多新的领域，获得了许多辉煌的成果，这一切，远远超出了希尔伯特演说所预见的范围。希尔伯特提出的问题,无疑受到当时数学发展水平的限制,同时和他个人的科学修养、研究兴趣以及思想方法密切相关。对于它们的局限性,我们应作辩证的、历史的分析。

总之,希尔伯特的《数学问题》是一篇重要的数学史文献,对研究现代数学史和当前的数学研究本身,都有很大的参考价值。本译文主要根据曼莉·温斯顿·纽荪(M. W. Newson)博士的英译本①(该译文曾得到希尔伯特本人的赞助)译出,同时也参照了德文原著。②

在翻译过程中,蒙吴文俊、田方增、严志达、王元、万哲先、陆启铿、孙克定、张锦文、杨东屏、胡作玄、余树祥等审阅了有关问题的译文;陆汝钤进行了前言与结束语的德文校对;特别是吴新谋自始至终给予了热诚的支持与帮助。译者谨对他们表示衷心的感谢。虽然如此,限于译者水平,错误之处在所难免,欢迎批评指正。

---

① 刊于 The Bulletin of American Mathematical Society . Vol. 8,p437-445,p478-479,1902。

② 载于 Göttinger Nachrichten. S. 253-297,1900。(原文注释均照此版本译出。)

附　录

附录 1　希尔伯特问题研究情况简况

1

连续统假设

推动发展的领域　公理化集合论

解决情况　1963 年，P. J. Cohen（美）在下述意义下证明了第一问题是不可解的，即连续统假设的真伪不可能在 Zermelo-Frankel 公理系统内判明。

2

算术公理的相容性

推动发展的领域　数学基础

解决情况　Hilbert 证明算术公理相容性的设想，后来发展为系统的“Hilbert 计划”（“元数学”或“证明论”），但 1931 年 Gödel 的“不完备定理”指出了用“元数学”证明算术公理相容性之不可能。数学相容性问题至今尚未解决。

3

两个等高等底的四面体体积之相等

推动发展的领域　几何基础

解决情况　这个问题很快(1900)即由 Hilbert 的学生 M. Dehn 给出了肯定解答。

4

直线作为两点间最短距离的问题

推动发展的领域　几何基础

解决情况　这个问题提得过于一般。Hilbert 之后,许多数学家致力于构造和探讨各种特殊的度量几何,在研究第四问题上取得很大进展,但问题并未完全解决。

5

不要定义群的函数的可微性假设的李群概念

推动发展的领域　拓扑群论

解决情况　经过漫长的努力,这个问题于 1952 年由 A. Gleason、D. Montgomery、L. Zippin 等人最后解决,答案是肯定的。

6

物理公理的数学处理

推动发展的领域　数学物理　概率论

解决情况 在量子力学、热力学等学科，公理化方法已获很大成功，但一般地说，公理化的物理学意味着什么，仍是需要探讨的问题。至于概率论的公理化，已由A. Н. Колмогоров(苏，1933)等人建立。

7

某些数的无理性与超越性

推动发展的领域 超越数论

解决情况 1934年，А. О. Гельфонд(苏)和T. Schneider(德)各自独立地解决了这个问题的后半部分，即对于任意代数数$\alpha \neq 0,1$和任意代数无理数$\beta \neq 0$证明了α^{β}的超越性，这一结果至1966年又被A. Baker等人大大推广和发展了。

8

素数问题

推动发展的领域 数论

解决情况 该问题包括黎曼猜想、哥德巴赫猜想和孪生素数猜想，均未解决。其中哥德巴赫猜想研究迄今最佳结果属于陈景润(每个充分大的偶数都是一个素数与一个不超过2个素数的乘积之和，1966，1973)。孪生素数猜想研究目前最重大的突破是张益唐的结果(存在无穷多个之差小于7千万的素数对，2013)。

9

任意数域中最一般的互反律之证明

推动发展的领域　类域论

解决情况　已由高木贞治(日,1921)和E. Artin(美,1927)解决。

10

丢番图方程可解性的判别

推动发展的领域　不定分析

解决情况　1970 年,**Ю. Н.** Матиясевич(苏)在 J. Robinson、M. Davis、H. Putnam 等人(美)工作的基础上证明了 Hilbert 所期望的一般算法是不存在的。

11

系数为任意代数数的二次型

推动发展的领域　二次型理论

解决情况　H. Hasse(1929)和 C. L. Siegel(1936,1951)在这个问题上获得了重要结果。

12

阿贝尔域上的克罗内克定理在任意代数有理域上的推广

推动发展的领域　复乘法理论

解决情况　尚未解决。

13

不可能用仅有两个变数的函数解一般七次方程

推动发展的领域　方程论与实函数论

解决情况　连续函数情形于 1957 年由 B. 阿诺尔德(B. Арнолъд)(苏)否定解决,如要求是解析函数,则问题仍未解决。

14

证明某类完全函数系的有限性

推动发展的领域　代数不变式理论

解决情况　1958 年,永田雅宜(日)给出了否定解决,即证明了存在群 Γ,其不变式所构成的环不具有有限个整基。

15

舒伯特计数演算的严格基础

推动发展的领域　代数几何学

解决情况　由于许多数学家的努力,舒伯特计数演算基础的纯代数处理已有可能,但舒伯特计数演算的合理性仍待解决。至于代数几何基础,已由 B. L. V. van der Waerden

(1940)与 A. Weil(1950)建立。

16

代数曲线与曲面的拓扑

推动发展的领域　曲线与曲面的拓扑学、常微分方程定性理论

解决情况　对问题的前半部分,不断有重要结果得到。至于后半部分,И. Т. Петровский(苏)曾声明,他证明了 $n=2$ 时极限环的个数不超过 3,但这一结论是错误的,已由中国数学家举出反例(1979)。

17

正定形式的平方表示式

推动发展的领域　域(实域)论

解决情况　已由 A. Artin 于 1926 年解决。

18

由全等多面体构造空间

推动发展的领域　结晶体群理论

解决情况　问题的第一部分(欧氏空间中仅有有限个不同类的带基本区域的运动群)于 1910 年由 L. Bieberbach 肯

定解决;问题的第二部分(是否存在不是运动群的基本区域但经适当毗连可充满全空间的多面体)已由 Reinhardt(1928)和 Heesch(1935)分别给出三维和二维情形的例子;至于将无限个相等的给定形式的立体在空间中给以最紧密排列的问题,至今尚未完全解决。

19

正则变分问题的解是否一定解析

推动发展的领域　椭圆型偏微分方程理论

解决情况　这个问题在下述意义上已获解决:1904 年,C. Бернщтейн(苏)证明了一个两个变元的、解析的非线性椭圆方程,其解必定是解析的。这个结果后来又被 Бернщтейн 本人和 И. Г. Петровский(苏)等推广到多变元和椭圆组的情形。

20

一般边值问题

推动发展的领域　椭圆型偏微分方程理论

解决情况　偏微分方程边值问题的研究正在蓬勃发展。

21

具有给定单值群的线性微分方程的存在性

推动发展的领域　线性常微分方程大范围理论

解决情况　1908 年 J. Plemelj 对此问题给出了肯定解答,但后来发现其证明有漏洞。1989 年苏联数学家 A. A. Bolibrukh 举出反例,使第 21 问题最终获否定解决。

22

解析关系的单值化

推动发展的领域　Riemann 曲面论

解决情况　一个变数的情形已由 P. Koebe(德,1907)等人解决。

23

变分法的进一步发展

推动发展的领域　变分法

解决情况　Hilbert 本人和许多其他数学家对变分法的发展做出了重要的贡献。

附录 2　希尔伯特简历

1962 年	生于德国柯尼斯堡
1870 年	入皇家腓特烈预科学校正式上学
1880 年	入柯尼斯堡大学攻读数学
1885 年	获哲学博士学位
1886 年 6 月	获柯尼斯堡大学讲师资格

1888 年	解决“哥尔丹问题”
1892 年	被指定为柯尼斯堡大学副教授
1892 年 10 月	与克特·耶罗施结婚
1893 年	升为柯尼斯堡大学正教授
1895 年 3 月	转任格丁根大学教授,直到 1930 年退休
1896 年	向德国数学会递交经典报告《代数数域理论》
1899 年 6 月	发表《几何基础》,创立现代公理化方法
1900 年	在巴黎国际数学家大会上做题为《数学问题》的讲演,提出著名的 23 个 Hilbert 数学问题
1902 年	任德国《数学年刊》主编
1909 年	证明华林猜想
1910 年	获匈牙利科学院第二次波尔约奖
1912 年	出版专著《线性积分方程一般理论基础》,创希尔伯特空间概念
1914 年	拒绝在德国政府为发动第一次世界大战辩护的战争宣言上签名
1915 年 11 月	发表《物理学基础,第一份报告》
1927 年	发表《论量子力学基础》(与冯·诺依曼和 L. 诺德海姆合作)
1928 年	发表《数理逻辑基础》(与 W. 阿克曼合作),系统论述其“证明论”思想和关于数

学基础的形式主义纲领

1943 年　　　卒于格丁根

附录 3　1931—1933 年格丁根大学的数学①

桑德斯·麦克兰

在 20 世纪 30 年代，格丁根是当时最大的世界数学中心之一，只有少数几个其他的地方可与格丁根相提并论：巴黎、柏林，或许还有莫斯科。美国的数学中心，如普林斯顿在那时还没有达到这样的水平。20 世纪 20 年代末，洛克菲勒基金会专项拨款资助建造两栋数学大楼，另一栋在巴黎，一栋在格丁根，这就是巴黎的庞加莱研究所和格丁根的数学研究所(格丁根数学研究所大楼紧挨着同样享有盛名的格丁根物理研究所)。

自 19 世纪末起，许多美国数学家就纷纷到格丁根去攻读博士学位，特别是接受希尔伯特的指导。我想 H. B. 柯里(H. B . Curry，1930 年 Ph. D)是来自美国的最后一位这样的希尔伯特的学生。

与今天的数学中心相比，格丁根数学研究所的研究人员

① S. Mac Lane，Mathematics at the University of Goettingen，1931-1933，原文载 J. W. Brewer & M. K. Smith (eds). Emmy Noether，A Tribute to Her Life and Work. Marcel Dekker，Inc，New York and Basel，1981，pp. 65-68.

人数是很少的。然而，这个研究所在数学上却具有一种统治的地位。本文试图解释这种统治地位的原因。

当时格丁根数学研究所除希尔伯特是终生教授外，只有四个正教授[E. G. H. 兰道(E. G. H. Landau)、G. 赫格洛茨(G. Herglotz)、R. 库朗(R. Courant)、H. 外尔(H. Weyl)]，三个副教授[P. 贝尔内斯(P. Bernays)、P. 海特格(P. Heitg)、埃米·诺特(E. Noether)]。

在格丁根的数学生活中，有 6 个重要人物，分别是希尔伯特、库朗、外尔、兰道、赫格洛茨和埃米·诺特。

希尔伯特由于他在不变量理论、几何基础、数论、积分方程和数理逻辑等方面的工作已经声名赫赫，并且多年来一直是德国的领头数学家。长期以来，在德国数学界，柏林与格丁根之间存在着竞争。这也许可以说明我最近在柏林听到的一个传闻，这个传闻说，1889 年曾有人提议请希尔伯特到柏林去任教授，一位柏林的数学家审阅了希尔伯特的工作后认为他对代数数论的贡献主要是在材料的综合组织，而不是创造性的发现，因此希尔伯特不符合柏林的标准。而在格丁根，希尔伯特显然是建立了自己的标准。

诺特是最先到格丁根来跟随希尔伯特一起工作的学者。1931 年，希尔伯特刚刚退休，健康状况已不如从前。他每周讲一次“从自然科学观点看哲学”。关于这个讲座，我只记得有一次，他热情地赞颂哥伦布发现美洲大陆标志着西方文明的重大转折点。当时希尔伯特本人在泛函分析与希尔伯特空间方面的工作已经结束，但在格丁根仍有这一学科的年轻的代表人物，如F. 瑞里希(F. Rellich)(瑞里希后来在1945—1949年成为格丁根教授)。

当时《希尔伯特选集》(第一卷)已经开始编辑，主要协助者是W. 迈格努斯(W. Magnus)、U. 赫尔穆特(U. Helmut)、O. 陶斯基(O. Taussky)。诺特刚从维也纳来，她在维也纳是跟法特沃格勒(Fartwanglen)学习类域论，这方面的知识是很重要的，因为《希尔伯特选集》(第一卷)包括了他在相对二次扩张论方面的开创性工作，而这正是类域论的开端。

1931年，希尔伯特的兴趣集中在数学基础的研究，L. E. J. 同布劳威尔(L. E. J. Brouwer)的争论以及当时出现的所谓数学基础的“危机”，刺激他制订了用有限方法来证明数学相容性的计划，他在这方面工作中的助手包括贝尔内斯和E. 施密特(E. Schimidt)。希尔伯特还有几个数理逻辑方面的学生，特别是G. 根岑(G. Gentzen)和K. 许德(K. Schutte)。

哥德尔当时已证明了他的不完备性定理。这个定理指出，在适当的如像B. A. W. 罗素(B. A. W. Russell)《数学原理》中所出现的形式系统中，不可能有任何相容性证明以形成该系统中的某个定理。这个结果是对希尔伯特计划的重大挑战。接着，贝尔内斯和其他人便设想通过推广希尔伯特的有限方法来避免哥德尔定理的结果。正是沿着这一方向，根岑后来使用超限归纳法证明了部分分析的相容性。在这一时期，哥德尔对于在希尔伯特发表的一篇论文(on teitimm non datum)中没有提及他的结果而感到十分恼火。

数学基础引起了普遍的关注。

库朗在格丁根是继承了克莱因的教授位置。克莱因对德国数学影响巨大，特别是晚年的普及和组织工作，以及提拔使用年轻数学家库朗担任数学所所长，同样也有很大的影响。他常教微积分课程，听课的人很多(当时教授接受的补助金是跟学生数量有关的)。1932—1933 年，E. J. 麦克肖恩(E. J. Mcshane)夫妇来到格丁根，作为库朗的助手，其任务是帮助准备库朗《微积分讲义》的英译本。这本书后来正式出版了。

库朗对数学极为热忱，有一个时期我住在他家，教他学英语，对此深有感受。据我回忆，他当时对数学的看法比他后来在纽约大学从事有影响的工作期间所发表的反抽象的观点视野要广阔得多。他后来非常强调应用数学。

当时还来了一些级别较低的人，是作为库朗的助手，例如 W. 考尔(W. Cauer)(我与他住在同一公寓里)从事电气网络数学研究。

赫格洛茨教授不好活动，他是从莱比锡来格丁根的(在莱比锡,E. 阿廷(E. Artin)作为赫格洛茨的学生,在他的指导下写博士论文)。赫格洛茨几乎通晓古典数学的每个分支,他日常的讲课材料总是经过精心的组织安排,涉及许多学科,包括了:李群论、几何光学、分析力学、椭圆函数、接触变换、内插法与极值问题。

赫格洛茨经常是在晚上七点到九点之间讲课,穿着晨礼服和带条纹的裤子,把每节课的主要定理事先工工整整地写在黑板中央,而即兴的演算与证明则写在四边。每讲到重要之处,总是伴随着果断而优美的手势以示强调。阿廷的讲课风格,有些想必就是传自赫格洛茨。大多数高年级学生和助教是赫格洛茨课堂上最经常的听众,也有几位是专门跟赫格洛茨的,但赫格洛茨并没有指导过很多博士生,虽然谢克(Scheik)是在他指导下完成学位论文的。

赫格洛茨乐于讲解,这是众所周知的。我最后一次博士学位口试是他主考。主题是几何函数论。其他同学事先曾告诉我在考试时应该怎么做,他们的劝告给了我很大的好处。考试开始时,赫格洛茨问我知不知道克莱因的埃尔朗根纲领,如果知道的话,那么需要什么样的群才能使几何函数论适合克莱因的纲领,我含含糊糊地回答了一些与保形群有关的东西,这已足以引起赫格洛茨的滔滔不绝的讲解,而他的漂亮的解释占去了全部的考试时间。

当我在 1948 年战后第一次重访格丁根时,赫格洛茨还在那儿，尽管健康状况不佳，但对数学的兴趣却不减当年，并且很高兴地追忆起格丁根的黄金岁月。

兰道是1909年从柏林到格丁根来当教授的。在格丁根，他以生动而又明晰的风格讲授解析数论。他关于ζ-函数、狄利克雷级数和解析数论的课是在一个很大的教室里讲的，那里有好几块装着滑轮可以移动的黑板。这些讲课的定理证明式的琐碎细腻的风格同样也表现在他的著作之中。他的讲演，是定理与证明的链条，单刀直入，势如破竹，但美中不足的是缺乏对原因、动机的讨论和深入的考察。这些讲演组织得如此清晰，我很容易记下完整的笔记，不仅写下兰道所讲的东西，而且还可以在边上加上我自己对动机的注释。有一名助教坐在教室前头，他的任务是用一块湿海绵布擦黑板，使教授能够连续不间断地讲下去。

兰道有许多助教和学生，他们包括W.韦伯(W. Weber)、H.海尔布伦(H. Heilbronn)、W.芬切尔(W. Fenchel)。兰道坚持定理证明式的严格风格，真可谓一丝不苟。在1932年的一篇论文中，他把两条定理称为"等价"，因为从其中任一条定理都可以容易地推出另一条定理。但他又担心别人会要求他给"容易"二字下一个精确的定义，于是便为"等价"这个词加了这样一条脚注："我把两条命题称为等价，如果它们要么同时成立，要么二者皆伪。"

关于兰道还有许多其他的故事，其中有个故事说：当

G. H. 哈代(G. H. Hardy)最终被安排好首次来访问格丁根时,兰道到车站去迎接他。哈代一下火车,兰道便立即同他讨论关于用优弧和劣弧对华林问题的估计。哈代回答说他对数论已经没有兴趣! 于是便出现了谣传,说那个“哈代”不是真的哈代,而是某个格丁根的学生假扮的。

兰道家境富裕,他的妻子是化学家欧立希之女,P. 欧立希(P. Ehrlich)是当时治疗梅毒的特效药洒尔佛散的发明者。兰道的舒适的住宅坐落在格丁根最好的街区。在这座住宅里举行过无数次生动活泼、乐而忘返的晚会,晚会上充满着各种竞赛和数学游戏。

赫尔曼·外尔是当时格丁根的首席数学教授。他是新近从苏黎世高等技术学校来格丁根接替希尔伯特的位置的。他对数学的兴趣极其广泛而又深入。他开过的课有微分几何、李群论、代数拓扑基础和数学哲学等。

同他在连续群方面的工作有关,外尔曾发表过鲜明的意见,认为李代数将很快发展起来而成为活跃的学科,这一预言后来被证明是正确的。外尔指导过一个讨论班,我参加了这个讨论班,它像大多数德国讨论班一样,要求学生也登台报告当前的文献。我从这个讨论班学到了许多关于初等因子理论的知识,同时,还懂得了一个域上的向量空间为什么和怎样可以用公理来描述(在芝加哥学习的时候,我的印象是向量是 n 数组,而向量空间就是由 n 数组组成的闭集合)。

外尔风格朴实，他住在城里丘陵地区一所引人注目的公寓里，他和他的可爱的妻子经常在家里举办优雅的晚会。在每学期的开始，学生和助教照例可以登门拜访教授，但这时教授往往都不在家。不过，他们过后会用晚会请帖来答谢学生和助教的来访之意。正像外尔、兰道和库朗家中所举行的那些晚会。外尔的主要助手是 H. 赫希（H. Heesche），赫希热衷于用不规则形铺盖平面的几何问题。正是这位赫希，后来想到了用计算机处理四色问题的可能性。他的设想后来被 Apple 和 Haken 所采用，并在最近解决了这个难题。记得初到格丁根时，我对外尔教授讲到自己对逻辑和代数的兴趣，他立即指出，在代数方面，格丁根有诺特教授为杰出代表，他建议我去听她的课，参加她的讨论班。诺特最初是在 1919 年由希尔伯特邀请来格丁根的，在我到格丁根的时候，她还是副教授，不过显然在希尔伯特、外尔和其他人看来，她早已达到了正教授的水平。她的工作受到了普遍的尊敬并产生了广泛的影响。

第一个秋天，我听了她的非交换环论的课。诺特当时正忙于写一篇关于这一课题的论文。她讲课速度很快，充满热情，同时却有点模糊，因为当时她这篇论文正处在构思阶段，有时她在课堂上也做起这方面的工作。我当时大概是被她讲课内容的模糊不清吓住了，因此没能听完她的这门课。听这门课的只有那些感兴趣的学生和一些教师。我特别记得当时 E. 维特（E. Witt）是最热忱的学生之一，贝尔内斯也总是按时来听课。在课间休息时，我就与贝尔内斯一起在大厅里来回踱步，听他发表关于逻辑和基础问题的见解。

有一个关于诺特的故事常常被库朗等人说起。有一次，格丁根的数学家们推荐诺特博士做正教授，认为她不能只当副教授，但若没有格丁根教授会的多数同意，这事儿是办不成的。而当时教授会中有许多人却认为妇女是不能当教授的。经过一场激烈的舌战之后，希尔伯特站起来，用他那典型的德国东部口音说："先生们，大学可不是海滩上的洗澡盆啊！"当时海边的洗澡盆是男女分开的。

即使在数学所关闭的日子，诺特讲课的热情也未尝稍减。我记得有一次研究所赶上全国性假日，诺特却宣布讲课照常进行，不过换成远足的形式。于是我们大家在研究所门前的台阶上集合，然后步行去附近的乡村。我们穿过树林，来到一家咖啡馆，一路上边走边谈，讨论代数和其他的数学题材，讨论俄国的形式，等等。显然，诺特的巨大的热情是她能对全德国的代数学家产生深远影响的主要原因。

诺特同时积极地鼓励、帮助访问学者。我很清楚地记得阿廷的一次来访，阿廷当时是汉堡大学的教授，最近在格丁根做博士后研究。他与诺特一道，对于抽象代数的创立有重大的影响。

正如范德瓦尔登(B. L. van der Waerden)在《代数学》(1931年)一书的致谢中所说的那样，在访问格丁根期间，阿廷做了三次关于类域论的出色而紧凑的讲演。我还记得后来在诺特或库朗家里喝茶的时候同阿廷的会见。阿廷思路清晰,脑子里总是装满了有解决可能的难题。他着重向我讲述了一个这样的类域论问题。虽然这个问题很富有吸引力,可是我当时在这方面知识浅薄,没有多少希望可以解决它,我并不敢承认自己的无知。

O. 陶斯基(O. Taussky)为阿廷的三次讲演做了笔记,这些笔记被油印出来并被广泛地使用着,因为他们是类域论的最现代的表述。最近,这些笔记被翻译出来,作为科恩(H. Cohn)一本代数数论著作(1978 年)的附录发表了。

诺特也积极负责接待了俄国拓扑学家 P. S. 亚历山德罗夫(P. S. Aleksandrov)的一次来访。亚历山德罗夫用流利的德语讲授代数拓扑的基本概念。他的讲演后来以同样的题目在 Springer 出版了小册子(1932 年)。诺特和亚历山德罗夫在数学上显然是话逢知己。很清楚,诺特热衷于使用适当的抽象代数概念,这对当时代数拓扑的发展起了重要的影响。特别是 1926 年前后,亚历山德罗夫和 H. 霍普夫(H. Hopf)等人开始给拓扑空间的同调连通性以数量度量(贝蒂数、挠系数等)。诺特强调了这样的事实,即应该用以相同数字为不变量的阿贝尔同调群来代替这些不变量。关于诺特在这方面的早期影响,最明显的证据就是他 1925 年 1 月 27 日在格丁根数学会上的讲演。在这一讲演中,她讨论了同调群的引进,并指出贝蒂数和挠系数恰好是这些阿贝尔同调群的标准模论不变量。据我所知,这是在同调论中采用群论的最早例子。

这个突出的例子还只是反映了诺特广泛影响的一小部分。她从众所周知的数环和多项式环出发,发展了一般环上的理想论。她明了模的用处,并且是研究交叉乘积代数的先驱。她对于相对论亦有贡献。在每一种情形下,她都知道如何通过正确的概念、方法以更好地理解数学结果。她与阿廷是促使德国抽象代数蓬勃发展的领导人物。[我在另一篇文章《抽象代数的起源与兴衰》(1981 年)中曾试图对这种影响做出更完备的说明。]

贝尔内斯是副教授和希尔伯特的助手。事实上,他当时正忙于准备希尔伯特-贝尔内斯的经典性著作《数学基础》第一卷的撰写(1934—1939 年)。我了解他对逻辑的强烈兴趣,所以很快就同意承担帮助编写他的教科书《高观点下的初等数学》的任务。这本教科书的编写本来已由克莱因开了头。克莱因认为这样的教科书对未来的中学教师是极好的训练。贝尔内斯显然是奉召继承了这一传统的,他确实也执行了这样的使命,但我发现他采用的方式相当呆板,其中详细讨论了几何基础的不同处理方法,完全是按照一丝不苟的贝尔内斯风格进行的,并且使用了他的丰富的文献知识。贝尔内斯是指导我的博士论文的人。我的博士论文是关于逻辑方面的,题为《逻辑演算的简化证明》(1934 年)。我从他那里学到了许多东西。虽然回想起来当时我对于他的广博而精密的学术知识并没有完全理解。这也是在他的一连串关于公理化集合论的光辉论文之前，在这些论文中，他同时使用“集”和“类”这两个术语(所谓的哥德尔-贝尔内斯公理)。

格丁根数学所有许多初级职员，如无薪讲师，其职责是讲课。例如，我记得我是从 H. 勒维(H. Lewy)的热情洋溢的讲演中学习偏微分方程论的。瑞里希和其他一些人开设非正式的课程，此外还有很多访问学者，每周有一次数学会集会，开始大家围着一张长桌喝茶，然后到个别房间里去听来访学者的讲演。教授们总是坐在第一排，初级教员坐在教授们的后边，再往后是学生，不过整个气氛是诚挚的，有时还在一家餐馆里举行晚宴。我特别记得 O. 维步伦(O. Veblen)的一次热闹的访问，我就是在这个场合第一次见到他的，虽然直到现在我还弄不懂他的投影相对论的观点。

城里最好的餐馆在火车站，离研究所不远，差不多每天中午都有一些讲师和高年级学生在那里举行午餐会。稍经介绍以后，我就参加到他们中间，并且发现这种活动是非常生动而富有启发性的。同学们也常在藏书丰富的研究所图书馆里碰头，或是在课间会面。讲课通常延续两个小时，中间有一刻钟休息，这时人们便在大厅里走来走去，相互交谈。同时，欣赏着陈列在漂亮的玻璃橱窗里的琳琅满目的数学模型。

格丁根是当时主要的数学研究中心，它为其他地方树立了样板,然而这里只有很少的几位正教授。回顾起来,人们不禁会感到奇怪,格丁根是如何登上数学中心的宝座的呢?我不知道怎样来回答这个问题,我想部分原因是那里拥有一支实力强大的初级队伍(讲师和临时指定的助教)。另外,按照德国的优秀传统,主要的教授们都配有得力的助手。这些助手给教授们以很大的支持,帮助他们处理日常事务和负责一般撰写。格丁根之所以能成为数学领导中心,大概还有许多别的原因。当然,从高斯到黎曼这样悠久的传统,肯定是重要的基础。

当时的数学还没有像现在这样分成那么多细小的分支,一个地方要在大多数重要的数学领域领头,相对来说比现在要容易些,特别要是有像希尔伯特等人接手研究、产生于别处的有发展前景的思想(例如积分方程)。不管怎样,在当时一系列重要的领域里,格丁根显然是学术领导中心:

数理逻辑	希尔伯特、贝尔内斯等(维也纳亦是中心)
李群论	外尔,赫格洛茨等(巴黎)
代数	诺特(汉堡)
代数几何	范德瓦尔登(莱比锡)
解析数论	兰道(英国剑桥)

偏微分方程论　　勒维等(柏林)

泛函分析　　　　瑞里希等

除了这些重要的领域,格丁根在其他一些领域也很活跃,如微分几何[康福森(Cohn-Vossen),芬切尔]、数学史[O.诺伊格鲍尔(O. Neugebauer]和数学哲学(Geiges,哲学教授,偶尔也教这方面的课)。

由于这些活动,格丁根对数学研究来说是一个重要而激动人心的地方,水平是很高的。我参加的赫格洛茨主持的最后一次口试算是容易的,而外尔主考的那一次却很难。此时贝尔内斯已被辞退,外尔是我的导师,我似乎记得他希望我知道一切,我却做不到。有一回,我忘掉了豪斯道夫空间的分离公理。

到1933年春,这一切全都烟消云散。希特勒的国家社会主义分子在这年一月和二月举行的两次选举中接连获胜,希特勒上台当了总理。特别是这给了他控制所有国立大学的权力。很快,在春季学期开学时就下令解雇所有的具有全部和部分犹太血统的教职员,只有极少数的例外,如盖格尔,因为他第一次世界大战期间曾在军队里服务过,但即便是这种例外,也只延续了一个学期,并且这些教授们的处境极为尴尬。比如这年春天,我听过盖格尔的数学哲学课,我看出来他的烦恼和苦闷。库朗第一次大战期间也是有战功的。尽管如此,他不久也被解除了数学研究所所长的职务。诺伊格鲍尔接替他的位置,但只当了一天的所长,据说是因为维持不了秩序。在这个春季学期,研究所的工作还在继续进行,但气氛显然极为紧张,教员们纷纷与国外联系谋职,学生们则急急忙忙地想尽快地做完学位论文。到了下一学期,我所提到的人中差不多有一多半已经身在异域,格丁根的黄金时代一去不复返了。

附录 4　克莱数学问题

20 世纪是解决数学难题的英雄世纪,四色问题、费马大定理等堡垒被相继攻克,是人类智力的凯歌。诚如希尔伯特所说:"正如人类的每项事业都追求着确定的目标一样,数学研究也需要自己的问题,只要一门科学分支能提出大量的问题,它就充满着生命力;而问题缺乏则预示着独立发展的衰亡或中止。"希尔伯特本人开创了用适当的数学问题来回顾过去、展望未来的先例。希尔伯特问题提出后整整一百年,也是在巴黎,数学家们又以类似的方式来对未来世纪数学的发展作前瞻,不过,由于 20 世纪数学的迅猛发展,这次提出问题的不是单个数学家而是一个数学家群体,他们包括美国克莱数学研究所①的科学顾问 A. 孔涅(A. Connes,法)、A. 贾

①Clay Mathematical Institute,美国实业家克莱(L. T. Clay)创建于 1998 年,位于美国哈佛大学。

菲(A. Jaffe,美)、E. 威顿(E. Witten,美)和 A. 怀尔斯(A. Wiles,英)。几位数学家自 1998 年起与国际数学界广泛接触、研讨,最终选定了七个问题,并于 2000 年 5 月 24 日在巴黎法兰西学院向公众发布,由于时值新千年之始,这七个问题也称"千年问题"(The millennium problems)。克莱数学研究所在公告中宣布对每个问题的解决悬赏 100 万美元,因此这七个问题又称"千禧奖问题"(The millennium prize problems)。"千年问题"数量不多,却浓缩了 20 世纪数学的积淀,同时涉及当今数学的重大前沿。以下是七大问题的简介。

一、庞加莱猜想

庞加莱猜想是拓扑学中一个著名的和基本的问题。数学家们已经知道这样的事实:任意一个二维单连通闭曲面都与二维球面同胚(拓扑等价)。"单连通"是一种拓扑性质:在曲面上任意画一个闭圈,如果能在不离开曲面的情况下将这个闭圈缩成一点,就称该曲面是单连通曲面。

二维球面是单连通曲面,环面则不是。这样上面的事实就是说:从拓扑等价的观点看,对闭曲面而言,单连通性完全是球面的特性。1904 年,庞加莱猜测在三维情形应有同样事实成立,即任意一个三维的单连通闭流形必与三维球面同胚。这就是庞加莱猜想。以后人们又将庞加莱猜想推广到 n 维情形。n 维情形的庞加莱猜想也叫"广义庞加莱猜想"。

庞加莱本人曾力图证明自己的猜想,但始终未能如愿。

在 1960 年以前,所有证明(或否证)庞加莱猜想的尝试都归于失败。直到 1960 年,美国数学家 S. 斯梅尔(S. Smale)才取得了第一个突破,他证明了庞加莱猜想对五维和五维以上的情形都是成立的。不过,斯梅尔的方法在用于解决三维和四维情形时却显得无能为力。整整 20 年以后,另一位美国数学家弗里德曼宣告证明了四维庞加莱猜想。弗里德曼的证明,是他关于四维流形的更一般的结果(存在不是微分流形的四维流形)的特殊情形。

到 20 世纪 80 年代,所有大于三维的庞加莱猜想都被证明是成立的,只剩下三维情形没有解决,而庞加莱当初恰恰是针对三维球面提出他的猜想的。尽管经过许多数学家的认真投入,庞加莱猜想作为未决拓扑学难题的地位似乎依然如故,这使它赫然跻身于千年问题之列。

然而就在 1983 年,W. 瑟斯顿(W. Thurston,1946—2012)提出了一个三维流形的完全分类方案,瑟斯顿方案以“几何化猜想”著称,庞加莱猜想仅是其推论。几何化猜想断言:任一紧定向三维流形可以沿二维球面和环面唯一分解为一些具有简单几何结构的部分。瑟斯顿方案指出有八种可能的三维几何结构,对其中第八种情形数学家们所知甚微,关于这一情形的几何化猜想也叫“椭圆化猜想”:任一具有有限基本群的三维闭流形都存在正常曲率度量,从而同胚于商流形 $S^3/\Gamma(\Gamma\subset SO(4))$。庞加莱猜想恰恰相应于 $\Gamma\cong\pi_1(M^3)$ 是平凡群的情形。

瑟斯顿几何化猜想将拓扑问题与微分几何(曲率)问题联系起来,柳暗花明中指引了庞加莱猜想研究的新路径。1982 年,美国数学家 R. 哈密顿(R. Hamilton)引进了被称为"里奇流"(Ricci flow)的新概念。所谓里奇流是流形 M 上一族黎曼度量$g_{ij}(t)$,使得

$$\frac{\mathrm{d}\,g_{ij}(t)}{\mathrm{d}t}=-R_{ij}(t)$$

$R_{ij}(t)$是里奇曲率函数,随时间 t 而变化。里奇流被证明是一个强有力的工具,为解决瑟斯顿几何化猜想带来希望,但遭遇所谓奇点困难的严重障碍。

2002 年 11 月至 2003 年 7 月,俄罗斯数学家 G. Y. 佩雷尔曼(G. Y. Perelman)在互联网上发表了三篇文章,宣称证明了几何化猜想。其中最后一篇给出了椭圆化猜想的具体证明,而如前所说这特定情形恰恰包含了庞加莱猜想,佩雷尔曼使用的一个重要工具,正是里奇流。

选择仅在因特网而非正式数学刊物上发表重要的研究成果,这在数学史上还是破天荒第一次,国际上有三个独立的专家小组(包括中国专家组)不约而同开展了全面的解读并进一步填补佩雷尔曼证明中缺失的关键细节,这些研究对理解、评价与完善佩雷尔曼的工作具有重要意义。数学家们

已达成共识，认为这一猜想已经被证明，佩雷尔曼因此成为2006年菲尔兹奖得主。2010年3月18日，克莱数学研究所又正式宣布授予佩雷尔曼千禧奖以表彰他对庞加莱猜想的证明，然而佩雷尔曼谢绝了这两项殊荣，没有领取奖金。

格里戈利·佩雷尔曼1966年出生于列宁格勒（今圣彼得堡），16岁时就摘得国际数学奥林匹克竞赛金牌。在圣彼得堡大学获得博士学位后，佩雷尔曼即专注于“庞加莱猜想”的研究，从此除了这个猜想他已心无旁骛。2003年，当他破解庞加莱猜想的新闻聚焦世人的目光之时，佩雷尔曼本人却从公众的视野中消失，成为一名“数学隐士”。“他对金钱没兴趣，对他来说，最大的奖励就是证明自己的理论。”

二、黎曼猜想

黎曼猜想是千年问题中唯一与希尔伯特数学问题重复的选择。

黎曼猜想联系着数论与函数论领域一系列重要难题与猜想的解决，因而在现有的未决数学猜想中占据着特殊的地位。

黎曼猜想断言：在带状区域$0\leqslant\sigma\leqslant 1$中，黎曼$\zeta$函数$\zeta(s)=\sum_{n=1}^{\infty}\frac{1}{n^s}$的零点都位于直线$\sigma=\frac{1}{2}$上。这一猜想自1859年由黎曼提出后，引导了解析数论中许多重要的发现，但关于它自身的证明，却长期进展甚微。第一个突破是哈代作出的，他在 1914 年证明 $\zeta(s)$ 有无限多个零点的实部等于$\frac{1}{2}$；1942 年，赛尔伯格迈出了重大的一步，他证明了

$$N_0(T) \geqslant cN(T),$$

其中$N_0(T)$表示 $\zeta(s)$在线段$\frac{1}{2}+it(0<t\leqslant T$ 上的零点个数，$N(T)$表示 $\zeta(s)$在矩形$\{0<t\leqslant T,0\leqslant\sigma<1\}$中的零点个数，因明显地有$N_0(T)\leqslant N(T)$，如能证明$N_0(T)\geqslant cN(T)$ 且 $c=1$，则黎曼猜想成立。赛尔伯格证明中得到的常数 c 约等于$\frac{1}{100}$。虽然与 $c=1$ 相去甚远，但开辟了证明黎曼猜想的新方向。沿此方向，1974 年 N. 莱文生(N. Levinson)证明了：$\zeta(s)$至少有三分之一的非平凡零点的实部为$\frac{1}{2}$。莱文生之后，数学家们艰难地推进着他的结果，但速度缓慢。直到 1989 年，美国数学家 B. 康雷(B. Conrey)才在小数点后第一位数字上取得突破，将 c 值提高到了 0.4。可以说，在黎曼猜想的解析证明方面，数学家们至今基本停留在康雷留下的这份 20 世纪的遗产上。

黎曼猜想研究的另一条途径是寻找数值反例，即通过大量计算来发现 $\zeta(s)$的不在直线 $\sigma=\frac{1}{2}$上的零点，但是，迄今为止进行的一切计算似乎都在支持黎曼猜想的成立。例如

1985 年 J. 范德隆(J. van de Lune)和 H. J. J. 黎勒(H. J. J. te Riele)合作计算了前 15 亿个零点,尚未发现黎曼猜想的任何反例,不用说,这些计算都借助了电子计算机的威力,因此黎曼猜想即使不成立,那么反例数必定是超出了人们通常想象的范围。但无论多么巨量的计算都只能提供有限的例证,数值归纳不能代替严格证明(除非真的算出哪怕一个反例)。

进入 21 世纪后,关于黎曼 ζ 函数零点的计算验证纪录不断刷新。2001 年 8 月,德国鲍勃林根 IBM(Böblingen IBM)实验室的 S. 韦德尼斯基(S. Wedeniwski)启动了一个被称为 Zeta-Grid 的计划,建立了迄今为止最强有力的黎曼 ζ 函数零点计算系统,截至 2004 年,ZetaGrid 所计算的零点累计已达 8553 亿个。2004 年 10 月,法国人 X. 古尔顿(X. Gourdon)等使用 Odlyzko-Schönhage 算法验证了黎曼 ζ 函数前十万亿个零点而无一反例。数值验证计算的数字越大,似乎越加显示黎曼猜想是迄今未获解决的最困难的数学名题。黎曼猜想离最终解决尚远,难怪传说希尔伯特晚年表示:如果他沉睡一百年,醒后想问的第一个问题就是“黎曼猜想有没有解决?”

三、伯奇、斯温纳顿-代尔猜想

根据解析几何,一个二元多项式关系 $f(x,y)=0$ 对应于一条平面曲线C_0. 如果多项式的系数是有理数,我们可以求方程 $f(x,y)=0$ 的有理解,换言之就是求曲线C_0的有理点(坐标为有理数的点)。对椭圆曲线 E

$$y^2 = x^3 - Bx - D(B, D \text{ 为整数}).$$

我们可以提出同样的问题：求一条椭圆曲线的有理点。伯奇-斯温纳顿代尔猜想正是与椭圆曲线有理点的计数有关。

20 世纪 60 年代，英国数学家 B. 伯奇（B. Birch）和 H. 斯温纳顿-代尔（H. Swinnerton-Dyer）发现椭圆曲线有理点个数的信息可以通过计算椭圆曲线 E 的 L 函数来获得。他们利用计算机研究椭圆曲线有理点的计数，提出了伯奇、斯温纳顿-代尔猜想（1965 年）：

$L(E,s)$在 $s=1$ 的泰勒展开有形式：

$L(E,s)=c\ (s-1)^r$ + 高阶项　（$c \neq 0$，r 是椭圆曲线 E 的秩）。

该猜想的一个特殊情形是：

椭圆曲线 E 的有理点全体构成无限集当且仅当 $L(E,1) = 0$.

这里 $L(E,s)$即椭圆曲线 E 的 L 函数，它与由椭圆曲线 E 确定的同余式

$$y^2 \equiv x^2 - Bx - D(\bmod p)$$

的解的个数相关。

只要回想怀尔斯对费马大定理的证明与椭圆曲线的关联，就不难理解椭圆曲线研究的重要性。事实上，椭圆曲线联系着数学中众多领域。因此，伯奇、斯温纳顿-代尔猜想的研究证明亦将推动这些领域的发展。

从另一角度看，伯奇、斯温纳顿-代尔猜想将椭圆曲线有理点计数与一个解析函数 $L(E,s)$ 的研究联系起来，椭圆曲线的 L 函数可以看作狄利克雷 L 函数的推广。事实上，推广狄利克雷 L 函数 $L(s,\chi)$ 中的特征标 χ 为其他的数论研究对象，为建立分析与数论乃至其他数学领域的联系开拓了无限广阔的空间。在这一方面，朗兰兹纲领是更宏伟的设想，朗兰兹纲领由美国数学家 R. 朗兰兹(R. Langlands)自 1967 年起提出的一系列猜想组成，这些猜想实际上正是寻求一般线性群或更一般的代数群的某种自守表示 π 的 L 函数 $L(s,\pi)$，以揭示李群的无穷维表示理论、代数几何、调和分析与数论之间的深层联系，表达了纯粹数学范围广阔的不同领域的统一观点。

四、霍奇猜想

如果说伯奇、斯温纳顿-代尔猜想是联系现代分析、代数数论、代数几何的纽带，霍奇猜想则是横跨现代分析与几何的又一座桥梁，这个猜想由英国数学家 W. V. D. 霍奇(W. V. D. Hodge)于 1952 年提出：

一个非奇异射影代数簇上的任一霍奇类是代数闭链上

同调类 cl(Z)的有理线性组合。

粗略地说,霍奇类是复流形上的调和微分形式,代数闭链是代数化的几何对象,因此霍奇猜想沟通着分析、代数几何与代数拓扑等众多不同领域。

五、纳维-斯托克斯方程解的存在性与光滑性

1821 年纳维(C.-L.-M.-H. Navier, 法)首先将欧拉关于流体运动的方程推广到考虑黏性系数的情况。1845 年 G. 斯托克斯(G. Stokes,英)改进纳维的工作,得到了含 2 个黏性系数的方程。对于充满 R^n($n=2$ 或 3)的不可压缩流,纳维-斯托克斯方程形如:

$$\frac{\partial}{\partial t}u_i+\sum_{j=1}^{n}u_j\frac{\partial u_i}{\partial x_j}=v\Delta u_i-\frac{\partial p}{\partial x_i}+f_i(x,t)$$

其中 $\boldsymbol{u}(x,t)$ 是未知速度向量且 $\operatorname{div}\boldsymbol{u}=\sum_{i=1}^{n}\frac{\partial u_i}{\partial x_i}=0$,$v$ 是黏性系数。

这是一组非常复杂的非线性偏微分方程,一般情形的存在性和唯一性长期没有什么结果。1933 年 J. 勒雷(J. Leray)对 L 平方可积函数类证明了弱解(分布)存在。20 世纪 60 年代,H. 霍普夫(H. Hopf)、O. A. 拉德任斯卡娅(O. A. Ladyzhenskaya)等曾就特殊情形取得一些结果,但(三维)一般情形迄今无实质进展。

该问题涉及什么是湍流的数学等价物:湍流是否相应于纳维-斯斯托克斯方程的奇(点)解?现实世界确实存在湍流现象,比如风平浪静的洋面可以产生台风,但迄今不能证明纳维-斯托克斯方程在给定光滑初值下有无奇(点)解。尼伦伯格等(1982年,1998年)证明了弱解的奇点存在性,继续推进则举步维艰。总之,可以说对纳维-斯托克斯方程解的了解尚处于初级阶段,通常的偏微分方程论方法对此似乎无能为力,需要引进更深刻的新思想。

六、量子杨-米尔斯理论

1954年杨振宁与米尔斯提出杨-米尔斯理论,展示了通过规范场论建立各种自然力的统一理论的前景,杨-米尔斯理论的数学基础是杨-米尔斯方程,其张量形式为

$$\eta^{\lambda\mu}(\partial_\mu F_{\sigma\lambda}+[b_\mu,F_{\sigma\lambda}])=0$$

杨-米尔斯方程也是一组复杂的非线性偏微分方程,迄今人们仅知道其个别精确解。另一问题是,经典杨-米尔斯方程描述以光速传播的无质量波,而在量子层面,(强、弱)相互作用都是短程有效并以有质粒子为载体。在弱作用力情形,S.格拉肖(S. Glashow)、A.萨拉姆(A. Salam)和S.温伯格(S. Weinberg)提出"弱电理论"(1967年,1968年)来克服杨-米尔斯方程的无质量性困难而给出了电磁力与弱力的统一描述。扩展到强作用力,目前最有希望的是基于D.格罗斯(D. Gross)和D.波利采尔(D. Politzer)发现的"渐近自由度"

性质(1973 年)的量子场论——量子色动力学。量子色动力学的许多预言已被实验证实,然而这理论还缺乏严谨的数学基础,特别是,实验和计算机模拟使物理学家们相信必有一个“质量缺口”(massive gap),但对这个“质量缺口”假设至今不能给出严格的数学证明。量子杨-米尔斯理论的千年问题要求:

对$\mathbf{R}^n$中任一紧、单、规范群,建立杨-米尔斯方程非平凡解的存在性,并证明质量缺口假设。

杨-米尔斯理论和“质量缺口”假设问题作为千年问题,其解决必将开拓物理学与数学联手解释自然、了解宇宙并在各自领域取得突破的新纪元。

七、P 对 NP 问题

在计算复杂性(亦称计算有效性)的研究中,只有多项式时间算法才被认定为有效算法,可以用多项式时间算法求解的问题简称为 P 型问题,不是多项式时间的算法则被称为指数时间算法,或“非有效算法”。有一类问题,不能判定其是否为 P 型,但可以通过一次或多次“正确”的猜测而在非确定型图灵机上用多项式时间算法求解。数学家们称这类问题为“非确定多项式时间算法”问题,简称 NP 型问题。NP 型问题是一个高度抽象但却有重要意义的概念,因为许多尚未找到有效算法的问题被证明属于 NP 型,NP 型问题为大量实际问题的计算机求解提供了理论框架。

1971年,S.库克(S. Cook)证明了存在着一类特殊的NP型问题,他称之为NP完全性问题。对任意一个NP完全性问题,找到了多项式时间算法就可以产生一切其他NP型问题的多项式算法。可以证明,著名的旅行推销员问题就属于NP完全性问题,后来又证明了上千个组合问题都属于NP完全性问题。

NP完全性问题为研究计算复杂性问题特别是NP型问题与P型问题的关系开辟了新思路,但尽管在直觉上NP型问题与P型问题有区别,至今却未能找到一个反例,也就是未能找到一个属于NP型但却能证明不是P型的问题!类NP与类P是否实际上相同?也就是说是否任一NP型问题实际上都可用多项式时间算法求解,即是否有

$$P = NP?$$

这个以“P对NP”著称的问题,已经成为当今计算机科学与数学中最重要的未解决问题之一,对它的研究,几乎涉及所有的数学分支。

千年问题的提出者们解释提出这些问题的主要动机是:“记录在新千年转折之际数学家们奋力求解的最困难的问题;从历史的维度理解数学的成就;提高一般公众的意识,使他们认识数学的前沿是无止境的,数学中充满着重要的未决问题;同时强调解决最深刻、最困难的数学问题的研究工作

的重要性。”现在评论这七大问题对未来数学的影响为时尚早，几乎可以肯定：数学的发展将远超人们的预料，虽然千年问题的提出者们并不属意于“提出新的挑战”，但七大问题已经引起公众的关注，事实上形成了对未来的巨大挑战。

数学高端科普出版书目

数学家思想文库	
书　名	作　者
创造自主的数学研究	华罗庚著;李文林编订
做好的数学	陈省身著;张奠宙,王善平编
埃尔朗根纲领——关于现代几何学研究的比较考察	[德]F. 克莱因著;何绍庚,郭书春译
我是怎么成为数学家的	[俄]柯尔莫戈洛夫著;姚芳,刘岩瑜,吴帆编译
诗魂数学家的沉思——赫尔曼·外尔论数学文化	[德]赫尔曼·外尔著;袁向东等编译
数学问题——希尔伯特在 1900 年国际数学家大会上的演讲	[德]D. 希尔伯特著;李文林,袁向东编译
数学在科学和社会中的作用	[美]冯·诺伊曼著;程钊,王丽霞,杨静编译
一个数学家的辩白	[英]G. H. 哈代著;李文林,戴宗铎,高嵘编译
数学的统一性——阿蒂亚的数学观	[英]M. F. 阿蒂亚著;袁向东等编译
数学的建筑	[法]布尔巴基著;胡作玄编译

数学科学文化理念传播丛书·第一辑	
书　名	作　者
数学的本性	[美]莫里兹编著;朱剑英编译
无穷的玩艺——数学的探索与旅行	[匈]罗兹·佩特著;朱梧槚,袁相碗,郑毓信译
康托尔的无穷的数学和哲学	[美]周·道本著;郑毓信,刘晓力编译
数学领域中的发明心理学	[法]阿达玛著;陈植荫,肖奚安译
混沌与均衡纵横谈	梁美灵,王则柯著
数学方法溯源	欧阳绛著

书　名	作　者
数学中的美学方法	徐本顺,殷启正著
中国古代数学思想	孙宏安著
数学证明是怎样的一项数学活动?	萧文强著
数学中的矛盾转换法	徐利治,郑毓信著
数学与智力游戏	倪进,朱明书著
化归与归纳·类比·联想	史久一,朱梧槚著

数学科学文化理念传播丛书·第二辑

书　名	作　者
数学与教育	丁石孙,张祖贵著
数学与文化	齐民友著
数学与思维	徐利治,王前著
数学与经济	史树中著
数学与创造	张楚廷著
数学与哲学	张景中著
数学与社会	胡作玄著

走向数学丛书

书　名	作　者
有限域及其应用	冯克勤,廖群英著
凸性	史树中著
同伦方法纵横谈	王则柯著
绳圈的数学	姜伯驹著
拉姆塞理论——入门和故事	李乔,李雨生著
复数、复函数及其应用	张顺燕著
数学模型选谈	华罗庚,王元著
极小曲面	陈维桓著
波利亚计数定理	萧文强著
椭圆曲线	颜松远著